AKADEMIE
DER WISSENSCHAFTEN
DER DDR

AKADEMIE-VERLAG
BERLIN
1977

Herausgeber:
Akademie der Wissenschaften der DDR
Redaktion und Bearbeitung:
Dr. Werner Hartkopf
Wissenschaftliches Sekretariat
des Präsidenten der Akademie
der Wissenschaften der DDR

Redaktionsschluß: 1. 2. 1977

Erschienen im Akademie-Verlag, 108 Berlin,
Leipziger Str. 3—4

Lizenznummer: 202 · 100/342/77
Satz und Druck:
VEB Druckerei „Thomas Müntzer",
582 Bad Langensalza
Bindearbeiten: Offizin Andersen Nexö,
701 Leipzig
LSV 0305
Printed in GDR

Inhaltsverzeichnis

STELLUNG, AUFGABEN UND TÄTIGKEIT DER AKADEMIE DER WISSENSCHAFTEN DER DDR

I.

Die Akademie der Wissenschaften der DDR ist die Nachfolgerin der nach den Plänen von Gottfried Wilhelm Leibniz am 11. Juli 1700 gegründeten „Brandenburgischen Sozietät der Wissenschaften", der späteren „Preußischen Akademie der Wissenschaften". Am 1. Juli 1946 wurde die Akademie als „Deutsche Akademie der Wissenschaften zu Berlin" wiedereröffnet; sie trägt seit 1972 ihren heutigen Namen.

Die Akademie der Wissenschaften der DDR ist die sozialistische Forschungsakademie der Deutschen Demokratischen Republik. Sie untersteht dem Vorsitzenden des Ministerrates der DDR und wirkt auf der Grundlage der Beschlüsse der SED und der Regierung der DDR. Die Akademie wird von einem Präsidenten nach dem Prinzip der Einzelleitung geleitet. Kollektives Beratungsorgan ist das Präsidium.

Stellung und gesellschaftliche Funktion der Akademie sind in ihrem Statut und in den zentralen Beschlüssen der Sozialistischen Einheitspartei Deutschlands und der Regierung der Deutschen Demokratischen Republik fixiert. Die Akademie faßt, wie es in ihrem Statut heißt, „ihre gesamte wissenschaftliche Leistungsfähigkeit zusammen, um diese große geistige Kraft ... in vollem Umfang für die weitere Entwicklung der sozialistischen Gesellschafts- und Staatsordnung zu nutzen".

Im Mittelpunkt der Tätigkeit der Akademie steht die Grundlagenforschung, das heißt die konzentrierte, langfristig orientierte Untersuchung fundamentaler Probleme der Wissenschaft. Allerdings betreibt die sozialistische Forschungsakademie der DDR keine unverbindliche Grundlagenforschung; ihr spezifisches Aufgabenfeld wird mit dem Bedarf der gesellschaftlichen Praxis nach anwendbaren Resultaten der Forschung in wirksame Beziehungen gesetzt. Dementsprechend geht die Akademie bei der Auswahl ihrer Forschungsprogramme von den Bedürfnissen der entwickelten sozialistischen Gesellschaft aus, die ihrerseits langfristigen Charakter tragen.

II.

Die Verantwortung und die Aufgaben der Akademie der Wissenschaften der DDR leiten sich aus der zentralen Stellung und Bedeutung der Wissenschaft bei der weiteren Gestaltung der entwickelten sozialistischen Gesellschaft in der DDR ab. Insbesondere der VIII. und IX. Parteitag der Sozialistischen Einheitspartei Deutschlands verabschiedeten hierzu grundsätzliche Beschlüsse. In dem vom IX. Parteitag im Mai 1976 beschlossenen „Programm der Sozialistischen Einheitspartei Deutschlands“ heißt es hinsichtlich der Förderung der Wissenschaft unter anderem, daß „die Politik der Partei darauf gerichtet ist, die Wissenschaft planmäßig und langfristig zu entwickeln, damit ihr fortschrittsfördernder und humanistischer Charakter voll zur Wirkung gelangen kann“ und daß „die Grundlagenforschung als Quelle neuer Erkenntnisse in Natur und Gesellschaft im Interesse langfristiger Entscheidungen für die volkswirtschaftliche und die wissenschaftliche Entwicklung auszubauen ist“. Damit sind zugleich Hauptaufgabe und Tätigkeit der Akademie als des führenden wissenschaftlichen Zentrums der DDR genauer fixiert.

Hauptaufgabe der Akademie ist es, durch Bearbeitung fundamentaler wissenschaftlicher Probleme wesentliche Beiträge in Form von komplexen Lösungen für den wissenschaftlich-technischen und geistig-kulturellen Fortschritt in der DDR zu erbringen, die zugleich auf die volkswirtschaftlich und gesellschaftlich entscheidenden Prozesse konzentriert sind.

Eine weitere Aufgabe der Akademie ist es, die sozialistische ökonomische Integration mit den befreundeten sozialistischen Staaten, insbesondere durch eine enge Zusammenarbeit mit den Akademien dieser Länder, durch anspruchsvolle Forschungsergebnisse zu fördern und einen der internationalen Stellung der Deutschen Demokratischen Republik entsprechenden Beitrag zur Weltwissenschaft zu leisten.

Die Akademie entwickelt und unterhält Wissenschaftsbeziehungen zu nichtsozialistischen Staaten und zu internationalen Wissenschaftsorganisationen in Übereinstimmung mit den Empfehlungen der Schlußakte der Konferenz von Helsinki in Richtung auf die Materialisierung der Entspannungspolitik und entsprechend den außenpolitischen und wissenschaftlichen Interessen und Möglichkeiten der DDR.

Die Akademie der Wissenschaften der DDR erfüllt ihren gesellschaftlichen Auftrag durch eine enge und verbindlich geregelte Zusammenarbeit mit dem Ministerium für Hoch- und Fachschulwesen der DDR, mit den Fachministerien und den Kombinaten der sozialistischen Industrie sowie mit zentralen gesellschaftswissenschaftlichen Organisationen und Institutionen und mit anderen Akademien der DDR, wie der Akademie der Landwirtschaftswissenschaften der DDR, der Bauakademie der DDR, der Akademie der Künste der DDR, der Pädagogischen Akademie der Wissenschaften der DDR und der Sächsischen Akademie der Wissenschaften zu Leipzig.

Dem Präsidenten der Akademie der Wissenschaften der DDR und dem Minister für Hoch- und Fachschulwesen der DDR ist die Verantwortung für die Leitung und Planung der mathematischen, naturwissenschaftlichen und ausgewählter Richtungen der technischen Grundlagenforschung übertragen. Zu dieser Verantwortung gehört die Erarbeitung strategischer Orientierungen für die langfristige Entwicklung naturwissenschaftlicher und technischer Disziplinen, aus denen sich Inhalt und Methodik der Grundlagenforschung ableiten. Zu dieser Verantwortung gehören ebenso die Erarbeitung von Konzeptionen für spezielle Gebiete der Wissenschaft und Forschung und die Ausarbeitung von anderen Entscheidungsgrundlagen für die Partei- und Staatsführung der Deutschen Demokratischen Republik.

III.

Die Akademie der Wissenschaften der DDR besteht aus ihrem Gelehrtengremium der Ordentlichen und Korrespondierenden Mitglieder, die im Plenum bzw.

in den Klassen der Akademie zusammengefaßt sind, sowie aus einem bedeutenden Forschungspotential in Form von Zentralinstituten und Instituten. Gegenwärtig gehören der Akademie 145 Ordentliche Mitglieder, 51 Korrespondierende Mitglieder und ca. 17000 Mitarbeiter an.

Zu Ordentlichen und Korrespondierenden Mitgliedern können Persönlichkeiten der Deutschen Demokratischen Republik gewählt werden, die hervorragende Ergebnisse in Forschung, Technik und Produktion erzielt haben oder die sich außergewöhnliche Verdienste um die Förderung und den Fortschritt der Wissenschaft in der DDR erworben und bedeutenden Einfluß auf die Verwertung wissenschaftlicher Ergebnisse genommen haben. Ihre Wahl erfolgt im Plenum der Ordentlichen Mitglieder und bedarf der Bestätigung des Vorsitzenden des Ministerrates der DDR.

Im Interesse der Förderung der internationalen wissenschaftlichen Zusammenarbeit wählt das Plenum der Akademie hervorragende Wissenschaftler, die nicht Staatsbürger der DDR sind, zu Auswärtigen Mitgliedern. Die Zugehörigkeit zur Akademie ist mit der Anerkennung des ethischen und humanistischen Grundanliegens der Akademie verbunden. Gegenwärtig gehören der Akademie 116 Auswärtige Mitglieder aus 24 Ländern an.

Die Struktur der Akademie stellt sich wie folgt dar (vgl. Abbildung 1):

Die Akademie wird von ihrem Präsidenten geleitet. Als kollektives Beratungsorgan besteht das Präsidium. Ihm gehören außer dem Präsidenten der Generalsekretär, vier Vizepräsidenten, der 1. Sekretär der Kreisleitung der SED an der Akademie, der Vorsitzende des Kreisvorstandes der Gewerkschaft Wissenschaft, die Leiter der Forschungsbereiche der Akademie und der Vorsitzende des Forschungsrates der DDR an.

Der Generalsekretär ist für die Lenkung und Gestaltung der internationalen Beziehungen der Akademie verantwortlich. Die Bereiche der Vizepräsidenten umfassen die Aufgaben: Forschung und Planung, Gestaltung des wissenschaftlichen Lebens im Plenum und in den Klassen sowie im gesellschaftswissenschaftlichen Forschungsbereich. Das Forschungspotential der Akademie ist in vier naturwissenschaftlichen Forschungsbereichen und einem Forschungszentrum sowie in einem gesellschaftswissenschaftlichen Forschungsbereich zusammengefaßt. An ihrer Spitze steht jeweils ein Leiter des Forschungsbereiches bzw. der Leiter des Forschungszentrums.

Zur Akademie gehören gegenwärtig 44 wissenschaftliche Institute, davon 35 naturwissenschaftliche und 9 gesellschaftswissenschaftliche Institute. Ca. 50 Prozent der Forschungskapazität der Akademie befindet sich in der Hauptstadt der DDR, Berlin. Größere Institutskomplexe der Akademie sind in Dresden, Leipzig, Halle und Jena.

IV.

Die Führung der SED und die Regierung der DDR messen der Entwicklung der Wissenschaft in unserem Land große Bedeutung bei und stellen umfangreiche Mittel für Wissenschaft und Forschung

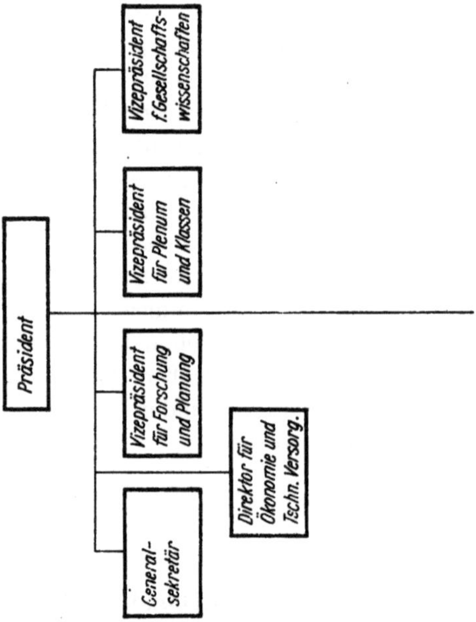
Präsident
Vizepräsident f. Gesellschafts-wissenschaften
Vizepräsident für Plenum und Klassen
Vizepräsident für Forschung und Planung
Direktor für Ökonomie und Techn. Versorg.
General-sekretär

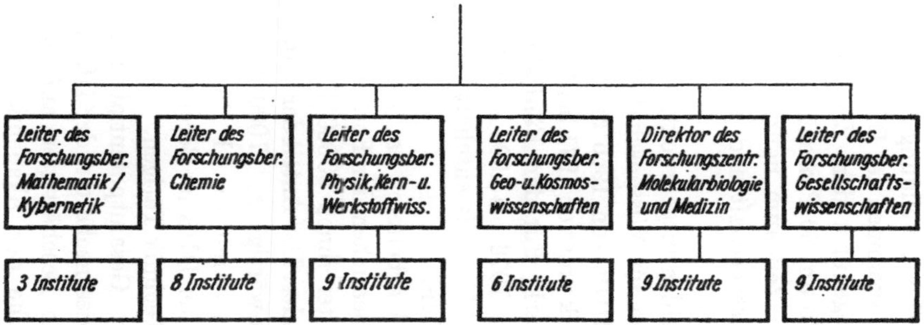

Abbildung 1: Strukturschema der Akademie der Wissenschaften der DDR

zur Verfügung. Wie Abbildung 2 zeigt, ist das Nationaleinkommen der DDR von 1971 bis 1975 gegenüber dem Zeitraum von 1966 bis 1970 um 30 Prozent gestiegen; im gleichen Zeitraum nahmen die Ausgaben für Wissenschaft und Technik um 66 Prozent zu.

In absoluten Zahlen ausgedrückt, betrugen die Ausgaben für Wissenschaft und Technik in der DDR von 1966 bis 1970 15 Milliarden Mark und von 1971 bis 1975 25 Milliarden Mark. Für den Fünfjahrplanzeitraum von 1976 bis 1980 sind 35 Milliarden Mark für Wissenschaft und Technik vorgesehen.

Im Jahre 1975 arbeiteten ca. 159000 Beschäftigte in Bereichen der Forschung und Technik, unter ihnen 90000 Hoch- und Fachschulkader. Der Anteil der Akademie mit gegenwärtig ca. 17000 Mitarbeitern umfaßt damit ca. 11 Prozent der insgesamt in der DDR im Bereich der Forschung und Technik Tätigen.

Gemessen am Gesamtpotential der Akademie der Wissenschaften der DDR, verteilen sich die Beschäftigten auf die Forschungsbereiche der Akademie pro-

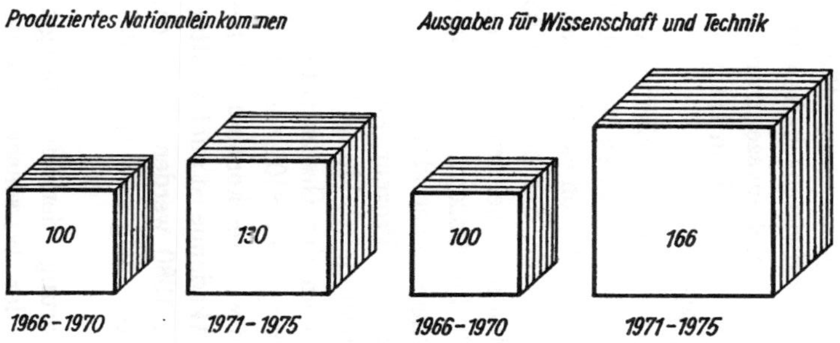

Abbildung 2: Prozentuale Zunahme des produzierten Nationaleinkommens der DDR und der Ausgaben für Wissenschaft und Technik für die Fünfjahrplanzeiträume 1966—1970 und 1971—1975

zentual derart, daß 78 Prozent von ihnen in den Forschungsbereichen Physik, Kern- und Werkstoffwissenschaften und Chemie sowie im Forschungszentrum für Molekularbiologie und Medizin tätig sind (vgl. Abbildung 3):

Die Gesamtzahl der Mitarbeiter der Akademie der Wissenschaften der DDR stieg von 1965 bis 1976 von ca. 11000 auf ca. 17000 Mitarbeiter, das heißt um 55 Prozent. Von den Mitarbeitern haben ca. 6000, das heißt 36 Prozent, eine abgeschlossene Hochschulausbildung und ca. 1600, das heißt ca. 9 Prozent, eine abgeschlossene Fachschulausbildung. Der Anteil der Frauen an der Gesamtzahl der Mitarbeiter beträgt ca. 8100, das heißt 48 Prozent. Ein weiteres kontinuierliches Wachstum der Akademie ist auch künftighin vorgesehen. 1980 werden in ihr ca. 20000 Mitarbeiter tätig sein (vgl. Abbildung 4).

Die Finanzierung der Forschungen der Akademie der Wissenschaften der DDR erfolgt aus dem Staatshaushalt. Diese Mittel stiegen seit der Fünfjahrplanperiode 1951—1955 bis zur Fünf-

Bereich	Anteil [%]
Molekularbiologie und Medizin	26
Chemie	19
Physik Werkstoffwissenschaften Kernwissenschaften	33
Geo- und Kosmoswissenschaften	8
Mathematik und Kybernetik	5
Gesellschaftswissenschaften	9

Abbildung 3: Prozentualer Beschäftigtenanteil der verschiedenen Forschungsbereiche der Akademie der Wissenschaften der DDR

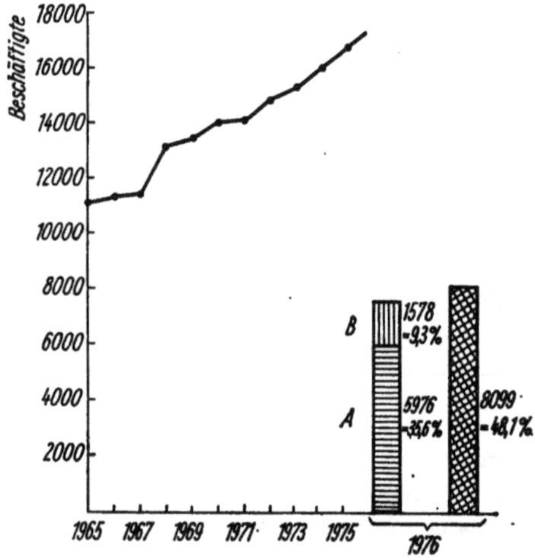

Abbildung 4: Gesamtzahl der Beschäftigten in der AdW (Kurve), Anteil der Beschäftigten mit Hoch- bzw. Fachschulbildung (A bzw. B der linken Säule) und der Anteil der Frauen an der Anzahl der Beschäftigten (rechte Säule)

jahrplanperiode 1971—1975 — ohne Investitionen — auf mehr als das Zehnfache an und betragen gegenwärtig mehr als 1/2 Milliarde Mark pro Jahr.

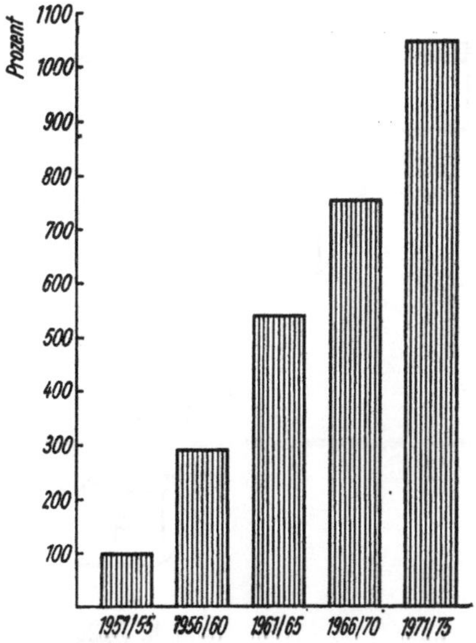

Abbildung 5: Entwicklung der Haushaltsausgaben der AdW ohne Investitionen in Fünfjahrplanzeiträumen von 1951/1955 bis 1971/1975 (Basis 1951/1955)

Die Entwicklung dieser Ausgaben ist aus der Abbildung 5 ersichtlich.

Bedeutend ist auch die Entwicklung der Investitionen der Akademie. Sie stie-

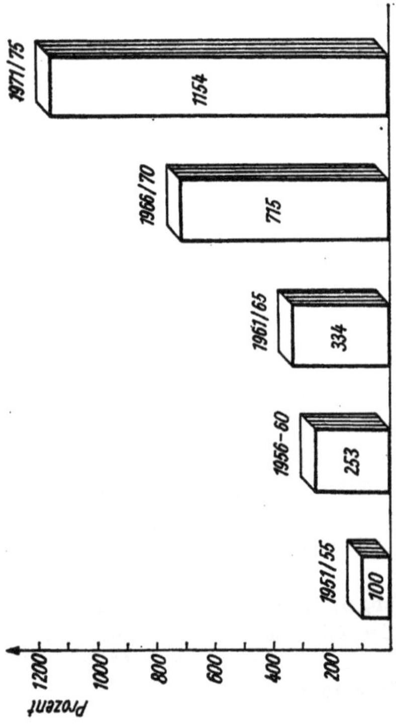

Abbildung 6: Entwicklung der materiellen Investitionen der AdW in Fünfjahrplanzeiträumen von 1951/55 bis 1971/75 (Basis 1951/1955)

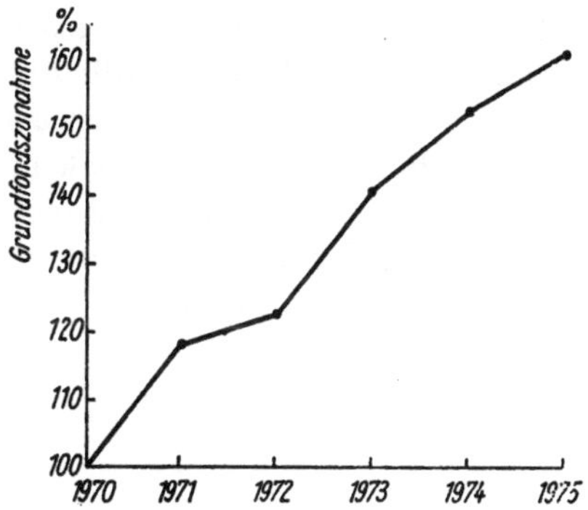

Abbildung 7: Prozentuale Entwicklung der Grundfonds der AdW von 1970 bis 1975

gen gegenüber der Fünfjahrplanperiode 1951–1955 bis zur Fünfjahrplanperiode 1971–1975 auf mehr als 1000 Prozent an (vgl. Abbildung 6):

Die Grundfonds der Akademie (Anlagen, Gebäude, Geräte) nahmen allein in dem Zeitraum von 1970 bis 1975 um mehr als 60 Prozent zu. Das Anlagenvermögen der Akademie stieg in diesem Zeitraum von 758 Millionen Mark auf 1,2 Milliarden Mark an (vgl. Abbildung 7).

Die Realisierung der personellen, materiellen und finanziellen Fonds und die Aufgaben der Durchsetzung der ökonomischen Prinzipien in der Tätigkeit der Akademie obliegen dem Bereich Ökonomie und technische Versorgung der AdW der DDR, der von einem Direktor geleitet wird.

V.

Die Akademie der Wissenschaften der DDR verkörpert heute ein bedeutendes Potential der Forschung, vor allem der Grundlagenforschung der Deutschen Demokratischen Republik.

Die Strategie und die Orientierung der Akademie-Forschung auf naturwissenschaftlichem, mathematischem und technischem Gebiet sind in der gemeinsam von der Akademie der Wissenschaften der DDR und dem Ministerium für Hoch- und Fachschulwesen der DDR erarbeiteten „Konzeption zur langfristigen Entwicklung der naturwissenschaftlichen und mathematischen Grundlagenforschung sowie der Grundlagenforschung ausgewählter technischer Richtungen bis 1990“ verbindlich niedergelegt.

Die Forschungen erfolgen auf der Basis von Forschungsprogrammen, die unter der Verantwortung des Präsidenten der Akademie der Wissenschaften der DDR und des Ministers für Hoch- und Fachschulwesen der DDR gemeinsam von der Akademie, dem Ministerium für Hoch- und Fachschulwesen, Fachministerien und anderen zentralen Institutionen erarbeitet wurden.

Für den Zeitraum von 1976 bis 1980 werden von der Akademie insbesondere folgende Programme bearbeitet:

– das Forschungsprogramm Mathematik, Mechanik, Kybernetik und Informationsverarbeitung,
– das Forschungsprogramm Physik einschließlich Kern- und Werkstoffforschung,
– das Forschungsprogramm Chemie (Grundlagen der Stoffe und Stoffwandlung),
– das Forschungsprogramm Biowissenschaften einschließlich naturwissen-

schaftlicher Grundlagen der Medizin und

— das Forschungsprogramm Geo- und Kosmoswissenschaften.

Für die Orientierung der Akademie-Forschung auf gesellschaftswissenschaftlichem Gebiet ist der zentrale Plan der gesellschaftswissenschaftlichen Forschung der DDR maßgebend. Die gesellschaftswissenschaftlichen Institute der Akademie der Wissenschaften der DDR arbeiten an 12 Forschungskomplexen mit.

Zur Wahrnehmung ihrer gemeinsamen Verantwortung für die langfristige Entwicklung der naturwissenschaftlichen und mathematischen Grundlagenforschung und der Grundlagenforschung ausgewählter technischer Richtungen sowie zur Planung, Koordinierung und Kontrolle der Durchführung von Forschungsprogrammen und Hauptforschungsrichtungen des Planes der Grundlagenforschung einschließlich der Überführung von Forschungsergebnissen in die gesellschaftliche Praxis bilden der Präsident der Akademie und der Minister für Hoch- und

Fachschulwesen Wissenschaftliche Räte. Die Wissenschaftlichen Räte haben beratende und koordinierende Funktionen. Ihr Wirken ist auf die Sicherung eines hohen theoretischen Niveaus der Forschung und eines entsprechenden wissenschaftlichen Vorlaufes für die gesellschaftliche Praxis gerichtet. Mitglieder der Wissenschaftlichen Räte sind Wissenschaftler der Akademie der Wissenschaften der DDR, von Universitäten und Hochschulen, aus staatlichen und wirtschaftsleitenden Organen, Betrieben, Kombinaten und Einrichtungen anderer gesellschaftlicher Bereiche.

Wissenschaftliche Räte bestehen zur Zeit für die genannten Forschungsprogramme der Naturwissenschaften, Mathematik und Technik sowie im gesellschaftswissenschaftlichen Bereich für die wirtschaftswissenschaftliche Forschung, für die staats- und rechtswissenschaftliche Forschung und für die sprachwissenschaftliche Forschung. Außerdem bestehen der Wissenschaftliche Beirat „Die Frau in der sozialistischen Gesellschaft“ und Wissenschaftliche Räte für Hauptforschungsgebiete im gesellschaftswissenschaftlichen Bereich.

VI.

Ein Überblick über Inhalt und Ziel der naturwissenschaftlichen Forschungsprogramme, die von der Akademie der Wissenschaften der DDR bearbeitet werden, macht deutlich, daß die Akademie bestrebt ist, eine hinreichend breite und intensiv betriebene Grundlagenforschung zu betreiben, um auf ein schnell verfügbares Reservoir an neuen Erkenntnissen und ausreichenden Erfahrungen zurückgreifen zu können. Dabei besteht Klarheit darüber, daß der ständig umfangreicher und aufwendiger werdende volkswirtschaftliche Reproduktionsprozeß eine bewußte Beschränkung auf vorrangig zu bearbeitende Forschungsrichtungen erfordert. Deren Ergebnisse müssen allerdings eine hohe Effizienz für die sozialistische Gesellschaft in der Deutschen Demokratischen Republik besitzen.

Die Akademie hilft z.B. durch ihre Forschungsarbeiten zur Erkundung, Erschließung, rationellen Aufbereitung und Verwertung der Ressourcen, den erforderlichen Vorlauf für die Deckung des Rohstoffbedarfs der DDR zu sichern. Sie arbeitet dementsprechend an der Vervollkommnung des Grundlagenwissens über eine wirksame Erkundung der geologischen Ressourcen auf dem Territorium der DDR, liefert Beiträge, um die chemische Nutzung rezenter biogener Rohstoffe (Erdöl, Kohle, Holz) zu verstärken und um vor allem silikatische und aluminatische einheimische und importierte Rohstoffe chemisch und physikalisch aufzuschließen. Ebenso erforscht sie Möglichkeiten, vorhandene Sekundärrohstoffe wieder zu verwenden und ökonomisch zu verwerten.

Die Akademie leistet zur Befriedigung des Energiebedarfes der DDR und zur Rationalisierung des Energieeinsatzes Beiträge zur Physik und Technologie von neuen Kernreaktoren, zu modernen Verfahren der Überwachung, Prozeßdiagnose und optimalen Betriebsführung von Leistungsreaktoren sowie zur Chemie der Transurane und Spaltprodukte.

Die physikalische Forschung der Akademie ist ferner auf das Erbringen von Beiträgen zur wesentlichen Steigerung von Plasmalichtquellen, zur Schaffung von Grundlagen für energiesparende Füge- und Trennverfahren, für die metallverarbeitende Industrie und zu plasmachemischen Verfahren gerichtet. Auf dem Gebiet der Laserspektroskopie werden neuartige optisch-spektroskopische Analysenmeßverfahren mit besonders hoher Zeit- und Frequenzauflösung für den wissenschaftlichen Gerätebau entwickelt; an den Meßplätzen zur inversen Raman-Streuung sowie für Ultrakurzzeitelektronenspektroskopie wurde mit Untersuchungen an Chlorophyll und Farbstoffen begonnen. Der Einsatz dieser Meßverfahren ermöglicht weiterhin die Untersuchung kurzlebiger bzw. angeregter Substanzen in der Fotochemie, Fotophysik und Biologie.

Eine volkswirtschaftlich bedeutsame Anwendung kernphysikalischer Methoden stellt die Forschungsrichtung Ionenimplantation dar. Dabei werden gleichzeitig Meßverfahren zur Untersuchung von Halbleiterdotierungen erprobt, die aus kernphysikalischen und radiochemischen Forschungen hervorgehen.

In den Forschungsarbeiten der Akademie zur Entwicklung neuer und der rationellen Verwendung vorhandener Werkstoffe haben u. a. Vorrang die Verbesserung des Gebrauchswertes und der Repräsentationsgüte textiler und technischer Faserstoffe und Flächengebilde, die Aufklärung grundlegender Zusammenhänge zwischen den Eigenschaften dünner Schichten und den Prozessen der Schichtbildung, die Erforschung der Eigenschaften flüssiger Phasen in der Glasverarbeitung und Metallurgie, das Aufbringen nichtmetallischer Schutzschichten auf Stahl, die Herstellung korrosions- und verschleißfester Oberflächen sowie die Entwicklung neuer Baustoffe.

Die Forschungsarbeiten zur verstärkten Nutzung einheimischer mineralischer Rohstoffe konzentrieren sich neben der vorrangigen Gewinnung von höchstwertigen Glasrohstoffen für optisches Glas gleichzeitig auf die Nutzung von Lagerstätten zur Deckung des Bedarfes an Sand für Massengläser. Zur chemischen Verfestigung von Wirtschaftsgläsern wurden und werden Lösungen entwickelt, die ökonomisch günstig, den verfügbaren einheimischen Rohstoffen angepaßt sind und eine genügende Verfestigung dünnwandiger Gläser gewährleisten. Ferner werden unter Verwendung einheimischer Rohstoffe porzellanähnliche Werkstoffe entwickelt, die bei niedrigen Sintertemperaturen herzustellen sind. Durch Spezialentwicklung organischer Polymere, insbesondere durch Synthese neuer Gläser, werden Duroplaste mit hoher Brechkraft und großer Dispersion zur Korrektur optischer Systeme mit „Flintcharakter" und ausreichenden optischen Qualitäten erhalten, die bisher in der Welt nicht bekannt waren. Die Modifizierung und Charakterisierung von Cellusepulver und -dispersionen werden neben bereits vorhandenen zu neuen Produkten führen, die als Füllstoff bzw. als Zusatz für Diätnahrungsmittel, als Tablettierungshilfsmittel, für verschiedene Produkte der pharmazeutischen und kosmetischen Industrie sowie als Filterhilfsmittel und als Trennmedium in der Chromatographie verwendet werden.

Im Rahmen von synthetischen Arbeiten über kationische Polyelektrolyse werden Polymere hergestellt, die sich in ausgezeichneter Weise zur Papierbeschichtung für die Gewinnung von Spezialpapieren eignen.

In den Biowissenschaften sind fundamentale wissenschaftliche Beiträge zur Aufklärung elementarer Lebensprozesse bei Mikroorganismen, Pflanzen, Tier und Mensch zu erbringen. Dadurch werden Voraussetzungen für die gerichtete Beeinflussung normaler oder pathologisch entarteter Lebensprozesse bzw. für die Lösungen biologischer Systeme, für die Optimierung der Wechselbeziehungen zwischen biologischer und gesellschaftlicher Entwicklung sowie für die Überwachung biologischer Prinzipien oder Wirkungsmechanismen in technischen Entwicklungen erwartet. Eine gesunde Ernährung setzt neben vielem anderen intensive Forschungen über Ernährungsphysiologie, Eiweißchemie, Enzymologie und Toxikologie, Genetik und Züchtung voraus. Durch die Vertiefung der naturwissenschaftlichen Grundlagen der Medizin werden Beiträge zur weiteren Aufklärung und Bekämpfung der sozialhygienisch wichtigsten Krankheiten, wie Herz-Kreislauf-Erkrankungen, Krebs und Virusinfektionen, erwartet. Von besonderer Bedeutung ist auch die Schaffung von Grundlagen für die Neurobiologie und Hirnforschung, für die Virologie und für die Immunologie.

Durch Arbeiten über die naturwissenschaftlich-technischen Grundlagen zur Minderung umweltschädigender Einflüsse wird die Akademie optimale Umweltbedingungen sichern helfen. Im Interesse der gesunden Ernährung der Menschen wurden z.B. die möglichen Wirkungen von Umweltchemikalien erforscht, und zum Auffinden mutagener Stoffe sind Testmethoden entwickelt worden, die es erlauben, Gen-, Chromosomen- und Genomutationen an niederen und höheren Organismen zu erfassen. Das Testsystem ermöglicht, Produkte der chemischen Industrie auf mutagene Nebenwirkungen zu prüfen und mutagene Produkte rechtzeitig zu erkennen.

Die Geo- und Kosmoswissenschaftler betreiben Forschungsarbeiten auf Gebieten der Sonnenphysik, der Magnetosphäre und der Wechselwirkung zwischen Atmosphäre und Hochatmosphäre, in der Relativitätstheorie, Gravitationstheorie und der theoretischen Magnetohydrodynamik, zur Geodynamik und zur Satellitengeodäsie sowie auf Teilgebieten der Geotektonik, in der Meereskunde und Nutzung mariner Ressourcen.

Die Beteiligung der DDR an „Interkosmos" ermöglicht es der Akademie der Wissenschaften der DDR, auch Geräte und Gerätekomplexe für die Raumforschung zu entwickeln und zu testen. Die hohen Präzisions- und Robustheitsforderungen an Forschungsgeräte im Kosmos gewinnen auch infolge der Miniaturisierung für die Volkswirtschaft zunehmend an Bedeutung. Um den wachsenden Informations- und Kommunikationsbedürfnissen gerecht zu werden, bearbeitet die Akademie mathematisch-kybernetische

Lösungsverfahren für die Steigerung der Effektivität von Prozessen in Wissenschaft, Technik und Ökonomie. Dabei konzentriert sich die Forschung vor allem auf Grundlagen der modernen Mathematik (z. B. mathematische Statistik, experimentelle und theoretische Analyse von Ursachen- und Wirkungsbeziehungen), um Voraussetzungen zur Optimierung von Be- und Verarbeitungsprozessen zu schaffen, Wege zur Weiterentwicklung und zur optimalen Ausnutzung der modernen Rechentechnik zu erschließen und Beiträge für die mathematische und theoretische Durchdringung von Naturwissenschaften und Technik zu leisten. Neben vielen anderen Aufgaben verfolgt die Akademie-Forschung auch das Ziel, eine kybernetische Gerätetechnik zur Schaffung von Lösungen mit erkennenden klassifizierenden, lernenden und adaptiven Eigenschaften für eine EDV-gerechte Prozeßtechnik aufzubauen.

Auf dem Gebiet der gesellschaftswissenschaftlichen Grundlagenforschung arbeitet die Akademie an folgenden Forschungskomplexen mit:

- Gesetzmäßigkeiten der entwickelten sozialistischen Gesellschaft und des allmählichen Übergangs zum Kommunismus,
- Gesetzmäßigkeiten der Entwicklung des sozialistischen Weltsystems; die wachsende Zusammenarbeit der Länder der sozialistischen Staatengemeinschaft; Gesetzmäßigkeiten, Richtungen und Perspektiven der sozialistischen ökonomischen Integration,
- Grundfragen der ökonomischen Entwicklung bei der Gestaltung des Sozialismus; Wachstumsfaktoren der sozialistischen Volkswirtschaft, Probleme der Erhöhung der Effektivität der gesellschaftlichen Produktion und Wege zur Vervollkommnung der Leitung, Planung und ökonomischen Stimulierung der Wirtschaftstätigkeit,
- Grundfragen der Entwicklung des wissenschaftlich-technischen Fortschritts; die organische Verbindung der Errungenschaften der wissenschaftlich-technischen Revolution mit den Vorzügen des Sozialismus; die dem Sozialismus

eigenen Formen der Verbindung von Wissenschaft und Produktion,

- das weitere Wachstum der führenden Rolle der Arbeiterklasse und ihrer marxistisch-leninistischen Partei; die Dynamik der Klassenstruktur in der entwickelten sozialistischen Gesellschaft,
- Gesetzmäßigkeiten der Entwicklung des sozialistischen Staates, der Demokratie und des Rechts bei der Gestaltung der entwickelten sozialistischen Gesellschaft in der DDR,
- Grundfragen der marxistisch-leninistischen Weltanschauung bei der Gestaltung der entwickelten sozialistischen Gesellschaft und der Herausbildung sozialistischer Persönlichkeiten,
- Grundprobleme der Sozialpolitik, der sozialistischen Lebensweise und der demographischen Entwicklung,
- Gesetzmäßigkeiten der Entwicklung der sozialistischen Kultur, insbesondere Fragen der Bildung, der Literatur und Kunst und der Sprache,

- die weitere Ausarbeitung des marxistisch-leninistischen Geschichtsbildes und die Erschließung des progressiven und humanistischen Erbes, insbesondere der revolutionären Tradition der Arbeiterbewegung,
- Grundfragen der Entwicklung des revolutionären Weltprozesses in der Gegenwart,
- Grundfragen der marixistisch-leninistischen Weltanschauung in der Auseinandersetzung zwischen Sozialismus und Imperialismus.

Zusammenfassend kann festgestellt werden, daß die Akademie der Wissenschaften der DDR den gesellschaftlichen Bedürfnissen der Deutschen Demokratischen Republik entsprechend insbesondere der Erforschung neuer und verbesserter Methoden für die Gewinnung und den rationellen Einsatz von Energie sowie der Erweiterung der Rohstoffbasis und der Schaffung von Werkstoffen und Baustoffen mit besseren und neuen Eigenschaften größte Aufmerksamkeit widmet. Die Erhaltung, Förderung und Wiederherstellung von Gesundheit und Leistungsfähigkeit der Bürger unserer sozialistischen Gesellschaft sowie die Sicherung einer gesunden Ernährung werden in der Akademie-Forschung zunehmend an Bedeutung gewinnen; die biowissenschaftliche Forschung wird dabei ebenso wie die naturwissenschaftlichen Grundlagen der Medizin eine wachsende Rolle spielen. Mit ihren Forschungen auf gesellschaftswissenschaftlichen Gebieten, insbesondere auf dem Gebiet der marxistisch-leninistischen Philosophie, der Politischen Ökonomie des Sozialismus, der Staats- und Rechtstheorie, der Geschichte, der Sprachwissenschaften, der Wissenschaftstheorie und auf anderen Gebieten, leistet sie auch auf dem Gebiet der wissenschaftlichen Politik des Marxismus-Leninismus, der sozialistischen Bildung und Kultur und bei der Erhaltung und Entwicklung des progressiven Erbes zunehmend größere Beiträge.

Eine wichtige Rolle in der wissenschaftlichen Arbeit des Plenums und der Klassen der Akademiemitglieder sowie der Institute der Akademie spielen die

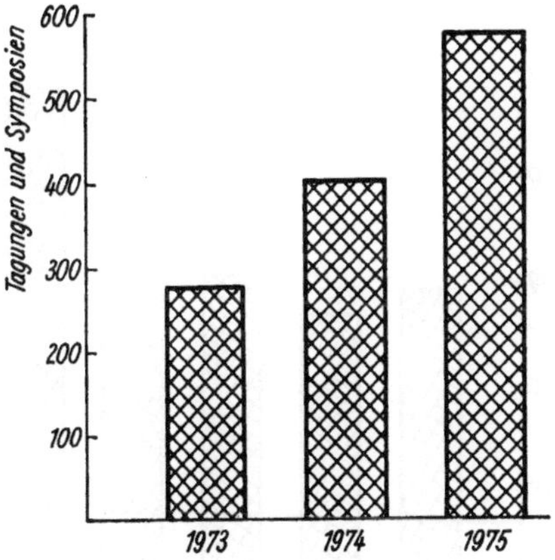

Abbildung 8: Anzahl der wissenschaftlichen Tagungen und Symposien der AdW und der ihr angeschlossenen Wissenschaftlichen Gesellschaften von 1973 bis 1975

wissenschaftlichen Tagungen und Symposien (vgl. Abbildung 8).

Beachtenswerte Ergebnisse der wissenschaftlichen und Forschungsarbeit spiegeln sich auch in den wissenschaftlichen Veröffentlichungen der Akademie wider (vgl. Abbildung 9).

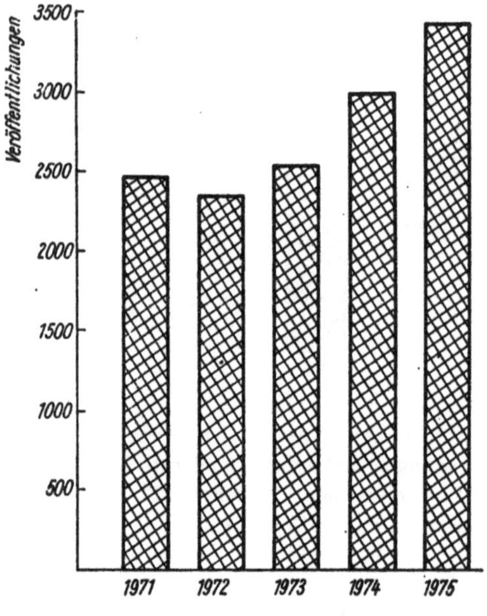

Abbildung 9: Anzahl der wissenschaftlichen Veröffentlichungen von Mitarbeitern der Akademie der Wissenschaften der DDR von 1971 bis 1975

VII.

Die Deutsche Demokratische Republik ist ein fester Bestandteil der sozialistischen Staatengemeinschaft unter der Führung der UdSSR. Das enge Bündnis mit der Sowjetunion bildet das Fundament für die weitere Entwicklung in der DDR und damit auch in der Akademie. In der Forschungsarbeit der Akademie der Wissenschaften der DDR nimmt die internationale sozialistische Forschungskooperation einen bedeutenden Platz ein. Sie stellt eine qualitativ höhere Stufe der Zusammenarbeit zwischen der AdW der DDR und der AdW der UdSSR und den Akademien der Wissenschaften der anderen Länder der sozialistischen Staatengemeinschaft dar. Diese Zusammenarbeit, die sich über den Rahmen der bilateralen Kooperation auf der Grundlage des RGW-Komplexprogramms auf vielen Gebieten der Wissenschaft zur multilateralen sozialistischen Kooperation zwischen den Akademien der Wissenschaften der im RGW vereinigten sozialistischen Länder entwickelt hat, hat die wissenschaftlichen

Potenzen dieser Länder bedeutend vermehrt. Sie trägt zur weiteren Vertiefung und Vervollkommnung der Zusammenarbeit und Entwicklung der sozialistischen ökonomischen Integration der sozialistischen Staatengemeinschaft bei. Diese enge sozialistische Forschungskooperation besteht heute z.B. bei Forschungen zu theoretischen Grundlagen der Automatisierung, speziell auf dem Gebiet der Halbleiterphysik, in der Quantenelektronik, speziell der Laserspektroskopie, in der Mathematik, Mechanik, Kybernetik und elektronischen Rechentechnik, auf umfangreichen Gebieten der Chemie, auf Gebieten der Kernenergie für die friedliche Nutzung, der gemeinsamen Forschung im Rahmen des „Interkosmos-Programms", der Astronomie, Geophysik und solar-terrestrischen Physik, auf Gebieten der medizinischen Grundlagenforschung und der Biowissenschaften und auf wichtigen Gebieten der Gesellschaftswissenschaften, von der Philosophie, der politischen Ökonomie des Sozialismus, der Geschichte bis zur Wissenschaftstheorie und anderen Gebieten. Sie umfaßt daneben auch solche Formen der Zusammenarbeit wie die Durchführung gemeinsamer wissenschaftlicher Konferenzen, Symposien, Sommerschulen, die langfristige Ausbildung von Kadern, die Abstimmung des gemeinsamen Auftretens und Wirkens in internationalen Organisationen sowie die Herausgabe gemeinsamer wissenschaftlicher Publikationen.

In dieser von der KPdSU, der SED und den anderen Bruderparteien geleiteten Wissenschaftspolitik, die Bestandteil der Gesamtpolitik der sozialistischen Staatengemeinschaft ist, deren Hauptkraft die UdSSR darstellt, manifestierten sich die wissenschaftlich begründete Voraussicht der Parteiführungen und die Kontinuität ihrer Politik, die auf die Erhaltung und Festigung des Friedens und auf den weiteren gesellschaftlichen Fortschritt gerichtet ist.

VIII

Die Akademie der Wissenschaften der DDR, in früheren Zeiten ausschließlich

Gelehrtengremium, ist heute als sozialistische Forschungsakademie ein bedeutendes Zentrum der Wissenschaft und Forschung der Deutschen Demokratischen Republik.

SITZ DER AKADEMIE

Sitz der Akademie

108 Berlin, Otto-Nuschke-Straße 22—23

Präsident

Prof. Dr. phil. Dr. rer. nat. h. c. Hermann Klare

Generalsekretär

Prof. Dr. rer. nat. habil. Claus Grote

Vizepräsident für Forschung und und Planung

Prof. Dr.-Ing. Ulrich Hofmann

Vizepräsident und Leiter des Forschungsbereiches Gesellschaftswissenschaften

Prof. Dr. rer. oec. habil. Werner Kalweit
108 Berlin, Otto-Nuschke-Straße 10—11

Vizepräsident für Plenum und Klassen

Prof. Dr. phil. habil. Dr. phil. h. c. Heinrich Scheel

Vizepräsident

Prof. Dr.-Ing. habil. Dr. rer. nat. h. c. mult. Kurt Schwabe

Gesellschaftliche Organisationen

Kreisleitung der SED an der AdW der DDR

108 Berlin, Otto-Nuschke-Straße 22–23

1. Sekretär:

Dr. phil. Horst Klemm
Mitglied des Zentralkomitees der SED

Kreisvorstand der Gewerkschaft Wissenschaft an der AdW der DDR

108 Berlin, Otto-Nuschke-Straße 22–23

Vorsitzender:

Prof. Dr. phil. habil. Herbert Hörz

Kreisleitung der FDJ
an der AdW der DDR

108 Berlin, Otto-Nuschke-Straße 22–23

1. Sekretär:

Dipl.-Phys. Michael Rudnick

Kreisvorstand der Gesellschaft
für Deutsch-Sowjetische Freundschaft

1199 Berlin-Adlershof, Rudower Chaussee 5

Vorsitzender:

Prof. Dr. phil. habil. Dr. phil. h. c. Werner Hartke

DAS PRÄSIDIUM
DER AKADEMIE
DER WISSENSCHAFTEN
DER DDR

KLARE, Hermann
Ordentliches Mitglied
Präsident

GROTE, Claus
Ordentliches Mitglied
Generalsekretär

HOFMANN, Ulrich
Ordentliches Mitglied
Vizepräsident

KALWEIT, Werner
Ordentliches Mitglied
Vizepräsident und Leiter des Forschungsbereiches Gesellschaftswissenschaften

SCHEEL, Heinrich
Ordentliches Mitglied
Vizepräsident

SCHWABE, Kurt

Ordentliches Mitglied

Vizepräsident

KLEMM, Horst, Dr. phil.

1. Sekretär der Kreisleitung der SED der AdW

HÖRZ, Herbert

Korrespondierendes Mitglied

Vorsitzender des Kreisvorstandes der Gewerkschaft Wissenschaft der AdW

STEENBECK, Max

Ordentliches Mitglied

Vorsitzender des Forschungsrates der DDR

FUCHS, Klaus

Ordentliches Mitglied

Leiter des Forschungsbereiches Physik, Kern- und Werkstoffwissenschaften

PESCHEL, Manfred, Professor Dr. rer. nat. habil.

Leiter des Forschungsbereiches Mathematik/Kybernetik

STILLER, Heinz

Ordentliches Mitglied

Leiter des Forschungsbereiches Geo- und Kosmoswissenschaften

KEIL, Gerhard

Ordentliches Mitglied

Leiter des Forschungsbereiches Chemie

SCHELER, Werner

Ordentliches Mitglied

Direktor des Forschungszentrums für Molekularbiologie und Medizin

KRÜGER, Heinz-Joachim, Dr. sc. phil.

Sekretär des Präsidiums

DIE MITGLIEDER DER AKADEMIE DER WISSENSCHAFTEN DER DDR

Ordentliche und Korrespondierende Mitglieder

ALBRECHT, Rosemarie

19. 3. 1915 (Cobe/Japan)
OM 8. 6. 1967

Medizin (Oto-Rhino-Laryngologie)

ALBRING, Werner

26. 9. 1914 (Schwelm/Westf.)
KM 23. 4. 1959
OM 15. 6. 1961

Physik (Strömungsmechanik/Turbulenz)

ALEXANDER, Karl Friedrich

1. 5. 1925 (Berlin)
KM 11. 6. 1970
OM 14. 6. 1973

Physik (Irreversible Thermodynamik, Kernphysik)

ALT, Robert

4. 9. 1905 (Breslau)
OM 15. 6. 1961

Pädagogik (Geschichte der Erziehung)

AUTH, Joachim

22. 5. 1930 (Berlin)
OM 29. 5. 1969

Physik (Halbleiterphysik)

BAHNER, Werner

18. 6. 1927 (Neuwiese/Erzgeb.)
OM 9. 6. 1966

Sprach- und Literaturwissenschaft (Romanistik)

BARTEL, Horst

16. 1. 1928 (Cottbus)
KM 4. 9. 1969
OM 15. 6. 1972

Geschichte (Geschichte des deutschen Volkes und der deutschen Arbeiterbewegung im 19. und 20. Jh.)

BAUMANN, Rudolf

19. 8. 1911 (Düsseldorf)
OM 9. 6. 1966

Medizin (Zerebro-viszerale Regulationsforschung)

BECKER, Heinz

4. 3. 1922 (Dittersdorf/Sa.)
KM 13. 6. 1974

Chemie (Organische Chemie/Fotochemie)

BEHRENS, Friedrich

20. 9. 1909 (Rostock)
OM 13. 12. 1956

Politische Ökonomie (Arbeitsproduktivität)

BERTSCH, Heinrich

11. 1. 1897 (Rosenfeld/Wttbg.)
OM 19. 2. 1953

Organisch-technische Chemie (Fettchemie/grenzflächenaktive Stoffe)

BETHGE, Heinz

15. 11. 1919 (Magdeburg)
KM 29. 5. 1969
OM 15. 6. 1972

Physik (Festkörperphysik/Elektronenmikroskopie)

BIELFELDT, Hans Holm

6. 3. 1907 (Lübeck)
OM 19. 2. 1953

Sprachwissenschaft (Slawistik)

BIELKA, Heinz

19. 3. 1929 (Gersdorf b. Görlitz)
KM 10. 6. 1976

Molekular- und Zellbiologie

BILKENROTH, Georg

24. 2. 1898 (Osendorf/Saalkreis)
OM 24. 2. 1955

Kohlegewinnung und Verarbeitung (Kohlechemie, Gebirgsmechanik)

Blumenauer, Horst

7. 2. 1935 (Kreisfeld)
KM 10. 6. 1976

Werkstoffwissenschaft (Werkstoffprüfung, Bruchmechanik)

Bobeth, Wolfgang

15. 2. 1918 (Löbau/Sa.)
OM 8. 6. 1967

Textil- und Faserstoff-Technologie

Böhme, Helmut

7. 6. 1929 (Halle/Sa.)
OM 29. 5. 1969

Genetik (Bakteriengenetik)

Boie, Werner

26. 9. 1901 (Dresden)
KM 17. 5. 1956
OM 9. 4. 1959

Technik (Kraftwerkstechnik, Verbrennungstechnik)

Budach, Lothar

14. 11. 1935 (Berlin)
KM 4. 9. 1969
OM 17. 4. 1975

Mathematik (Algebra, algebraische Geometrie, Automatentheorie)

Buhr, Manfred

22. 2. 1927 (Kamenz)
KM 29. 5. 1969
OM 3. 6. 1971

Philosophie (Marxistisch-leninistische Philosophie; Geschichte der klassischen bürgerlichen Philosophie)

Bunke, Olaf

6. 5. 1935 (Berlin)
KM 11. 6. 1970
OM 10. 6. 1976

Mathematik (Mathematische Statistik)

CORNU, August

9. 8. 1888 (Beaune/Frankr.)
KM 28. 5. 1964

Geschichte (Marx-Engels-Forschung)

CORRENS, Erich

12. 5. 1896 (Tübingen)
OM 28. 6. 1951

Chemie (Faserstoff-Forschung/Cellulosechemie)

DAVID, Heinz

5. 12. 1931 (Tilsit)
KM 14. 6. 1973
OM 17. 4. 1975

Medizin (Pathologische Anatomie)

DIEHL, Ernst

8. 1. 1928 (Fürstenwalde)
KM 3. 6. 1971
OM 14. 6. 1973

Geschichte (Geschichte der deutschen Arbeiterbewegung)

DIETZE, Walter

22. 5. 1926 (Leipzig)
OM 8. 6. 1967

Literaturwissenschaft (Germanistik/Geschichte der deutschen Literatur bis zum 19. Jh.)

DREFAHL, Günther

11. 5. 1922 (Rostock)
OM 11. 6. 1964

Organische Chemie (Polymerenchemie)

DRISCHEL, Hans

8. 6. 1915 (Köln)
OM 9. 6. 1966

Medizin (Physiologie/Biokybernetik)

DUTZ, Harald

14. 1. 1914 (Berlin)
OM 4. 9. 1969

Medizin (Innere Medizin)

Eichhorn, Wolfgang

23. 2. 1930 (Unterneubrunn/Thür.)
KM 29. 5. 1969
OM 14. 6. 1973

Philosophie (Historischer Materialismus)

Emons, Hans-Heinz

1. 6. 1930 (Herford)
KM 11. 6. 1970
OM 14. 6. 1973

Anorganische und anorganisch-technische Chemie (Chemie und Technologie der Salze)

Engelberg, Ernst

5. 4. 1909 (Haslach/Baden)
OM 15. 6. 1961

Geschichte (Geschichte der Arbeiterbewegung; Geschichte des 19. Jh.; Methodologie)

Feist, Peter

29. 7. 1928 (Warnsdorf)
KM 13. 6. 1974

Kunstgeschichte (Geschichte der Malerei und Kunsttheorie)

Fratzscher, Wolfgang

11. 6. 1932 (Leipzig)
KM 13. 6. 1974

Technik (Energiewirtschaft, technische Thermodynamik, chemische Verfahrenstechnik)

Friedrich, Gerd

28. 10. 1928 (Berlin)
KM 17. 4. 1975

Politische Ökonomie (Leitung der sozialistischen Industrie)

Frühauf, Hans

4. 1. 1904 (Pforzheim)
OM 19. 2. 1953

Physik (Elektronik, Informationstechnik)

Fuchs, Klaus

29. 12. 1911 (Rüsselsheim)
OM 15. 6. 1972

Theoretische Physik (Kernenergetik)

Gersch, Manfred

12. 8. 1909 (Dresden)
OM 24. 2. 1955

Zoologie (Tierphysiologie)

Goerttler, Viktor

5. 1. 1897 (Sondershausen/Thür.)
KM 13. 1. 1955
OM 15. 6. 1961

Bakteriologie (Epidemiologie der Tierseuchen)

Görlich, Paul

7. 10. 1905 (Dresden)
OM 24. 2. 1955

Physik (Festkörperphysik)

GRAFFI, Arnold

19. 6. 1910 (Bistritz/Siebenbg.)
OM 15. 6. 1961

Medizin (Experimentelle Pathologie)

GROSSE, Rudolf

28. 7. 1924 (Heldrungen)
KM 15. 6. 1972
OM 10. 6. 1976

Sprachwissenschaft (Deutsche Philologie)

GROTE, Claus

8. 8. 1927 (Bückeburg)
KM 15. 6. 1972
OM 13. 6. 1974

Physik (Hochenergiephysik)

GRUNZE, Herbert

4. 4. 1923 (Berlin)
KM 14. 6. 1973

Anorganische Chemie (Polymerenchemie)

HAENEL, Helmut

24. 4. 1919 (Berlin)
OM 4. 9. 1969

Ernährungsforschung (Mikroökologie)

HAHN, Erich

5. 3. 1930 (Kiel)
KM 13. 6. 1974

Philosophie (Dialektischer und historischer Materialismus, Soziologie)

HÄRTIG, Helmut

24. 3. 1902 (Pirna/Sa.)
KM 15. 6. 1961
OM 23. 4. 1964

Bergbau-Tagebau

HARTKE, Werner

1. 3. 1907 (Eschwege)
OM 24. 2. 1955

Klassische Philologie, Alte Geschichte und Archäologie

HEINRICHS, Wolfgang

9. 2. 1929 (Danzig)
KM 10. 6. 1976

Politische Ökonomie (Zirkulation)

HENKEL, Otto

27.6.1924 (Limlingerode/Kr. Nordhausen)
KM 13. 6. 1974

Physik (Metallphysik)

HERFORTH, Lieselott

13. 9. 1916 (Altenburg/Thür.)
OM 29. 5. 1969

Physik (Strahlenschutzphysik)

HERRMANN, Joachim

19. 12. 1932 (Lübnitz Kr. Belzig)
KM 15. 6. 1972
OM 13. 6. 1974

Geschichte und Archäologie (Geschichte des frühen Mittelalters, frühgeschichtliche Archäologie)

HINTZE, Fritz

18. 4. 1915 (Berlin)
KM 23. 4. 1959
OM 15. 6. 1961

Ägyptologie/Meroitistik (Sudanarchäologie)

HOFMANN, Ulrich

26. 6. 1931 (Dolsthaida Kr. Liebenwerda)
OM 11. 6. 1970

Physik (Festkörperphysik)

HÖFER, Karl-Heinz

12. 5. 1926 (Saalfeld)
OM 8. 6. 1967

Bergbauforschung (Geomechanik)

HÖRZ, Herbert

12. 8. 1933 (Stuttgart)
KM 14. 6. 1973

Philosophie (Dialektischer Materialismus und philosophische Probleme der Wissenschaftsentwicklung)

Irmscher, Johannes

14. 9. 1920 (Dresden)
KM 14. 6. 1973

Klassische Philologie, Byzantinistik, Neogräzistik

Jante, Alfred

3. 6. 1908 (Schönlanke/Kr. Czarnikau)
OM 19. 2. 1953

Technik (Thermodynamik, Kraftfahrtmechanik)

Jonas, Ernst-Wolfgang

23. 4. 1926 (Berlin)
KM 15. 6. 1972
OM 13. 6. 1974

Wirtschaftsgeschichte (Geschichte der Produktivkräfte)

Jung, Friedrich

21. 4. 1915 (Friedrichshafen/Bodensee)
KM 15. 3. 1961
OM 23. 4. 1964

Biochemie (Pharmakologie, Toxikologie)

Kalweit, Werner

27. 7. 1926 (Madrid)
KM 3. 6. 1971
OM 14. 6. 1973

Politische Ökonomie

Kautzsch, Eberhard

2. 11. 1905 (Darmstadt)
OM 26. 9. 1957

Geologie (Geologie der Sedimente und Lagerstätten mineralischer Rohstoffe)

Keil, Gerhard

11. 8. 1926 (Halle/S.)
OM 29. 5. 1969

Technische Chemie (Erdölverarbeitung, Kohlechemie, Petrolchemie)

Kelbg, Günter

26. 3. 1922 (Königsberg)
KM 11. 6. 1970
OM 15. 6. 1972

Theoretische Physik (Statische Mechanik, Theorie der Flüssigkeiten, Theorie der elektrolytischen Lösungen)

Kirchberg, Helmut

31. 1. 1906 (Mainz)
KM 17. 5. 1956
OM 26. 9. 1957

Aufbereitung (Flotation)

Kirsche, Walter

21. 6. 1920 (Oelsnitz/Erzgeb.)
KM 4. 9. 1969
OM 13. 6. 1974

Medizin (Experimentelle und vergleichende Neuromorphologie)

KLARE, Hermann

12. 5. 1909 (Hameln)
OM 15. 6. 1961

Chemie (Polymerenchemie)

KLIX, Friedhart

13. 10. 1927 (Friedersdorf/Kr. Lauban)
OM 3. 6. 1965

Psychologie (Kognitive Prozesse, Psychophysiologie)

KNEPLER, Georg

21. 12. 1906 (Wien)
OM 11. 6. 1964

Musikwissenschaft (Musik des 19. und 20. Jahrhunderts)

KNÖLL, Hans

7. 1. 1913 (Wiesbaden)
OM 24. 2. 1955

Mikrobiologie (Antibiotikaforschung)

Koch, Helmut

5. 10. 1932 (Potsdam)
KM 10. 6. 1976

Mathematik (Algebra und Zahlentheorie)

Köhler, Karl

27. 12. 1896 (Breslau)
KM 21. 11. 1957
OM 23. 4. 1964

Eisenhüttenkunde (Metallurgie der Stahlherstellung)

Köhler, Werner

24. 3. 1929 (Dresden)
KM 11. 6. 1970
OM 10. 6. 1976

Biologie (Medizinische Mikrobiologie und Immunbiologie)

KÖNIG, Otto

5. 3. 1929 (Langewiesen/Kr. Ilmenau)
KM 4. 9. 1969

Chemie (Petrolchemie, hochpolymere Werkstoffe)

KOHLMEY, Gunther

27. 7. 1913 (Berlin)
OM 11. 6. 1964

Wirtschaftswissenschaft (Weltwirtschaft)

KOLDITZ, Lothar

30. 9. 1929 (Albernau/Erzgeb.)
KM 4. 9. 1969
OM 15. 6. 1972

Anorganische Chemie (Fluorchemie)

KOSING, Alfred

15. 12. 1928 (Wolfsdorf)
KM 4. 9. 1969
OM 3. 6. 1971

Philosophie (Systematik der marxistisch-leninistischen Philosophie; Erkenntnistheorie und ihre Geschichte)

KOSSOK, Manfred

18. 5. 1930 (Breslau)
KM 15. 6. 1972
OM 17. 4. 1975

Geschichte (Vergleichende Revolutionsgeschichte)

KOZIOLEK, Helmut

5. 7. 1927 (Beuthen)
OM 3. 6. 1965

Politische Ökonomie des Sozialismus (Sozialistische Wirtschaftsführung)

Kraatz, Helmut

6. 8. 1902 (Wittenberg a. d. Elbe)
KM 10. 2. 1955
OM 13. 12. 1956

Medizin (Geburtshilfe und Gynäkologie)

Kröber, Günter

12. 2. 1933 (Meuselwitz/Kr. Altenhurg)
KM 10. 6. 1976

Wissenschaftstheorie und -geschichte; Erkenntnistheorie

Kuczynski, Jürgen

17. 9. 1904 (Elberfeld)
OM 24. 2. 1955

Wirtschaftswissenschaft (Wirtschaftsgeschichte)

Kuntzen, Heinrich

11. 1. 1893 (Hannöversch Münden)
KM 13. 1. 1955
OM 9. 4. 1959

Medizin (Chirurgie)

KUTZSCHE, Werner

14. 5. 1911 (Radebeul)
KM 13. 6. 1974

Technik (Elektronische Schaltungs- und Meßtechnik).

KYANK, Helmut

7. 1. 1916 (Demitz-Thumitz/Kr. Bautzen)
OM 8. 6. 1967

Medizin (Physiologie und Pathologie der Schwangerschaft)

LANGE, Franz-Heinrich

27. 11. 1909 (Kiel)
KM 11. 6. 1970

Physik (Elektronik, Informationstechnik)

LANGE, Werner

18. 7. 1913 (Auerhammer/Sa.)
KM 15. 6. 1961
OM 23. 4. 1964

Metallhüttenkunde — NE-Metalle (Diffusion in Metallen; chemische Thermodynamik)

LANIUS, Karl

3. 5. 1927 (Berlin)
OM 4. 9. 1969

Physik (Hochenergiephysik)

LAUTER, Ernst-August

1. 12. 1920 (Rostock)
OM 11. 6. 1964

Physik (Solar-terrestrische Physik, Geophysik)

LAUTERBACH, Robert

25. 2. 1915 (Leipzig)
OM 8. 6. 1967

Physik (Geophysik, Biogeophysik, Radiogeochemie)

LEHMANN, Edgar

25. 3. 1905 (Berlin)
KM 23. 4. 1959
OM 15. 6. 1961

Geographie/Kartographie

LEHNERT, Martin

20. 6. 1910 (Berlin)
OM 15. 6. 1961

Sprachwissenschaft (Englische Sprache und Literatur)

LEIBNITZ, Eberhard

31. 1. 1910 (Hannover)
OM 19. 2. 1953

Organische Chemie (Technische Chemie)

LEKSCHAS, John

10. 10. 1925 (Memel)
KM 14. 6. 1973

Rechtswissenschaft (Strafrecht, Kriminologie)

LICHTENHELDT, Willibald

30. 10. 1901 (Werdau/Sa.)
KM 15. 6. 1956
OM 9. 4. 1959

Getriebetechnik (Kinematik)

Lösche, Artur

20. 10. 1921 (Leipzig)
OM 3. 6. 1965

Physik (Strukturphysik/Hochfrequenzspektroskopie)

Lohmann, Karl

10. 4. 1898 (Bielefeld)
OM 24. 2. 1949

Medizin/Biologie (Biochemie)

Lohs, Karlheinz

23. 8. 1929 (Annaberg/Erzgeb.)
KM 11. 6. 1970
OM 15. 6. 1972

Chemische Toxikologie

Markov, Walter

5. 10. 1909 (Graz/Österreich)
OM 15. 6. 1961

Geschichte (Revolutionsgeschichte)

MARKWARDT, Fritz

3. 12. 1924 (Magdeburg)
KM 17. 4. 1975

Medizin (Pharmakologie der Herzkreislaufmittel)

MATTHES, Klaus

20. 1. 1931 (Berlin)
KM 13. 6. 1974

Mathematik (Wahrscheinlichkeitsrechnung)

MATTHIES, Hansjürgen

6. 3. 1925 (Stettin)
KM 3. 6. 1971
OM 14. 6. 1973

Pharmakologie/Neurobiologie

MEBEL, Moritz

23. 2. 1923 (Erfurt)
KM 14. 6. 1973
OM 17. 4. 1975

Medizin (Urologie)

MEISSNER, Herbert
16. 5. 1927 (Dresden)
KM 17. 4. 1975
Politische Ökonomie (Geschichte der politischen Ökonomie)

MERKEL, Gerhard
12. 8. 1929 (Chemnitz)
KM 4. 9. 1969
Elektronische Rechentechnik/Kybernetik

MEYER, Kurt
31. 3. 1904 (Zwickau/Sa.)
OM 11. 6. 1964
Physikalische Chemie (Chemie, Physik und Herstellung von Photomaterialien)

MITTENZWEI, Werner
7. 8. 1927 (Limbach/Sa.)
KM 4. 9. 1969
OM 15. 6. 1972
Literatur- und Kunstwissenschaft (Deutsche Literatur des 20. Jh.; westeuropäische Dramatik des 20. Jh.)

MONTAG, Gerhard
21. 7. 1929 (Mühlhausen/Thür.)
OM 11. 6. 1970
Technik (Technologie des Maschinenbaues)

MOSCH, Wolfgang
10. 5. 1928 (Leipzig)
KM 17. 4. 1975
Technik (Hochspannungstechnik)

MOTHES, Kurt
3. 11. 1900 (Plauen i. V.)
OM 19. 2. 1953
Biologie (Biochemie, Physiologie)

MOTTEK, Hans
26. 9. 1910 (Posen)
KM 29. 5. 1969
OM 3. 6. 1971
Wirtschaftswissenschaft (Wirtschaftsgeschichte)

Mühlenpfordt, Justus

22. 4. 1911 (Lübeck)
KM 29. 5. 1969

Physik (Isotopenforschung)

Müller, Arno

25. 8. 1916 (Erfurt)
OM 8. 6. 1967

Geologie (Paläontologie)

Müller, Hans

11. 11. 1911 (Leipzig)
KM 15. 6. 1961
OM 23. 4. 1964

Biologie (Experimentelle Ökologie der Insekten)

Müller, Karlheinz

19. 6. 1931 (Dresden)
KM 15. 6. 1972

Physik (Kernphysik, Festkörperphysik)

MÜLLER-STOLL, Wolfgang

21. 4. 1909 (Karlsruhe)
KM 15. 6. 1961
OM 23. 4. 1964

Allgemeine Botanik (Ökologische Pflanzenphysiologie)

NAUMANN, Manfred

4. 10. 1925 (Chemnitz)
KM 17. 4. 1975

Literaturwissenschaft (Romanistik; allgemeine und vergleichende Literaturwissenschaft)

NEUBERT, Albrecht

3. 3. 1930 (Hartenstein/Erzgeb.)
KM 3. 6. 1971
OM 14. 6. 1973

Sprachwissenschaft (Übersetzungswissenschaft, Soziolinguistik)

NEUNER, Gerhart

18. 6. 1929 (Pschoblik)
KM 11. 6. 1970
OM 15. 6. 1972

Pädagogik

NOWAK, Siegfried

17. 4. 1930 (Wählitz Kr. Höhenmölsen)
KM 14. 6. 1973

Chemie (Thermische/Katalytische Stoffwandlung)

OBENAUS, Fritz

9. 12. 1904 (Niedersedlitz/Sa.)
OM 24. 2. 1955

Elektrotechnik (Hochspannungstechnik, Isoliertechnik)

OCKLITZ, Hans-Wolfgang

5. 4. 1921 (Militsch)
KM 10. 6. 1976

Pädiatrie (Infektologie)

OELSSNER, Fred

27. 2. 1903 (Leipzig)
OM 19. 2. 1953

Politische Ökonomie

ÖHLMANN, Gerhard

31. 12. 1931 (Haldensleben Bez. Magdeburg)
KM 15. 6. 1972
OM 13. 6. 1974

Chemie (Katalyse und Kinetik)

PASTERNAK, Günter

5. 10. 1932 (Berlin)
KM 17. 4. 1975

Medizin (Immunologie)

PEEK, Werner

6. 6. 1904 (Bielefeld)
OM 11. 6. 1964

Alte Geschichte, Klassische Philologie, Griechische Epigraphik

PFEIFFER, Harry

25. 2. 1929 (Penig/Sa.)
KM 14. 6. 1973

Physik (Hochfrequenzspektroskopie)

PHILIPP, Burkart

8. 2. 1925 (Pirna/Sa.)
KM 29. 5. 1969
OM 3. 6. 1971

Physikalische Chemie (Cellulose- und Textilchemie)

PIETSCH, Albrecht

13. 9. 1934 (Zittau)
KM 3. 6. 1971
OM 13. 6. 1974

Mathematik (Analysis)

POMMER, Kurt

4. 5. 1904 (Gera)
OM 9. 6. 1966

Technik (Elektromaschinenbau)

POPPE, Eberhard

12. 9. 1931 (Wiesenburg Kr. Zwickau)
KM 15. 6. 1972
OM 17. 4. 1975

Rechtswissenschaft (Staatstheorie und Staatsrecht, Bildungsrecht)

PROKOP, Otto

29. 9. 1921 (St. Pölten/Österreich)
OM 11. 6. 1964

Medizin (Gerichtliche Medizin/Serogenetik)

RAMBUSCH, Karl

15. 1. 1918 (Jena)
KM 17. 4. 1975

Physik (Kraftwerksanlagen)

RAMMLER, Erich

9. 7. 1901 (Tirpersdorf i. V.)
OM 19. 2. 1953

Brennstofftechnik, mechanische Verfahrenstechnik

RAPOPORT, Samuel Mitja

27. 11. 1912 (Woloczysk)
OM 4. 9. 1969

Biologie (Biochemie)

RATHMANN, Lothar

16. 2. 1927 (Werdau/Sa.)
KM 17. 4. 1975

Geschichte (Geschichte der nationalen Befreiungsbewegung)

RÄTZSCH, Manfred

30. 6. 1933 (Leipzig)
KM 14. 6. 1973

Chemie (Technologie der Hochpolymeren)

RÄTZSCH, Margit

13. 9. 1934 (Teplitz-Schönau)
KM 10. 6. 1976

Chemie (Thermodynamik)

Redetzky, Hermann

10. 8. 1901 (Lüben)
KM 23. 4. 1959
OM 15. 6. 1961

Sozialhygiene

Reichardt, Hans

2. 4. 1908 (Altenburg/Thür.)
KM 21. 6. 1962
OM 23. 4. 1964

Mathematik (Zahlentheorie und Differentialgeometrie)

Reinhold, Otto

8. 12. 1925 (Altrohlau)
OM 29. 5. 1969

Politische Ökonomie

Reinisch, Gerhard

23. 9. 1930 (Scheiba)
KM 17. 4. 1975

Chemie (Makromolekulare Chemie)

RICHTER, Joachim

2. 3. 1926 (Chemnitz)
KM 13. 6. 1974

Pharmazie (Arzneimittelanalytik)

RIECHE, Alfred

28. 4. 1902 (Dortmund)
KM 6. 9. 1956
OM 9. 4. 1959

Organische Chemie (Technische Chemie)

RIEDEL, Hans-Günter

19. 2. 1912 (Zeitz)
OM 11. 6. 1964

Theoretische und angewandte Naturwissenschaften (Chemie, Physik, Verfahrenstechnik)

RIEGER, Rigomar

17. 2. 1930 (Halle/S.)
KM 15. 6. 1972
OM 17. 4. 1975

Genetik (Cytogenetik)

RIENÄCKER, Günther

13. 5. 1904 (Bremen)
OM 19. 2. 1953

Anorganische Chemie (Heterogene Katalyse)

RINGPFEIL, Manfred

12. 7. 1932 (Wermsdorf/Kr. Oschatz)
KM 17. 4. 1975

Chemie (Biotechnologie)

RÖHRER, Heinz

23. 3. 1905 (Leipzig)
OM 24. 2. 1955

Bakteriologie, Serologie, Virologie

ROMPE, Robert

10. 9. 1905 (St. Petersburg)
OM 19. 2. 1953

Physik (Festkörper- und Plasmaphysik)

Rosenkranz, Otto

3. 2. 1911 (Bromberg)
OM 11. 6. 1964

Agrarökonomie (Betriebswirtschaft landwirtschaftlicher Betriebe)

Rosenthal, Sinaida

22. 2. 1932 (Berlin)
KM 15. 6. 1972
OM 13. 6. 1974

Biologie (Biochemie)

Ruben, Walter

26. 12. 1899 (Hamburg)
OM 24. 2. 1955

Indologie (Geschichte der Kultur des alten Indien)

Růžička, Rudolf

20. 12. 1920 (Löbau/Sa.)
OM 9. 6. 1966

Sprachwissenschaft (Slawische und allgemeine Sprachwissenschaft)

Sanke, Heinz

28. 3. 1915 (Berlin)
KM 15. 6. 1961
OM 23. 4. 1964

Politische und ökonomische Geographie

Scheel, Heinrich

11. 12. 1915 (Berlin)
OM 29. 5. 1969

Geschichte (Deutsche Geschichte der Neuzeit)

Scheler, Werner

12. 9. 1923 (Coburg)
KM 3. 6. 1971
OM 14. 6. 1973

Pharmakologie (Allgemeine und molekulare Pharmakologie)

Schirmer, Wolfgang

3. 3. 1920 (Berlin)
KM 23. 4. 1959
OM 15. 6. 1961

Physikalische Chemie (Absorption an Festkörperoberflächen)

Schmelovsky, Karl-Heinz

10. 2. 1930 (Böhmisch-Leipa)
KM 11. 6. 1970

Physik (Elektronik, Signaltheorie)

Schmidt, Karl

10. 7. 1924 (Liebengrün Kr. Lobenstein)
KM 14. 6. 1973

Geologie (Geowissenschaften)

Schmitz, Ernst

9. 8. 1928 (Breslau)
KM 17. 4. 1975

Chemie (Organische Chemie)

SCHMITZ, Gerhard

27. 11. 1907 (Neuss a. Rhein)
OM 8. 6. 1967

Physik (Hydrodynamik, Aerodynamik)

SCHOBER, Rita

13. 6. 1918 (Ramburg)
OM 4. 9. 1969

Literaturwissenschaft (Romanische Literaturen und Literaturtheorie)

SCHREIBER, Klaus

25. 1. 1927 (Lübeck)
KM 29. 5. 1969
OM 3. 6. 1971

Naturstoffchemie, Biochemie

SCHRÖDER, Kurt

31. 7. 1909 (Berlin)
OM 28. 6. 1951

Mathematik (Angewandte Mathematik)

SCHRÖTER, Karl

7. 9. 1905 (Wiesbaden)
KM 21. 2. 1962
OM 23. 4. 1964

Mathematik (Reine Mathematik, mathematische Logik)

SCHUBERT, Max

16. 9. 1926 (Plauen i. V.)
KM 15. 6. 1972

Physik (Laserphysik, Spektroskopie)

SCHWABE, Kurt

29. 5. 1905 (Reichenbach i. V.)
OM 19. 2. 1953

Physikalische Chemie (Elektrochemie, Radiochemie, Korrosionsschutz)

SEIDEL, Karl

18. 12. 1930 (Nürnberg)
KM 13. 6. 1974

Medizin (Psychiatrie und Neurologie)

Steenbeck, Max

21. 3. 1904 (Kiel)
OM 13. 12. 1956

Physik (Plasmaphysik, Kernphysik, Astrophysik kosmischer Magnetfelder)

Steinbrück, Paul

5. 8. 1911 (Helbra/Kr. Eisleben)
KM 14. 6. 1973

Medizin (Epidemiologie)

Sterba, Günther

20. 5. 1922 (Brüx)
OM 8. 6. 1967

Biologie (Neurobiologie, Neuroendokrinologie)

Stern, Leo

27. 3. 1901 (Woloka/Bukowina)
OM 24. 2. 1955

Geschichte (Deutsche Geschichte, Geschichte der deutsch-sowjetischen Beziehungen, Wissenschaftsgeschichte)

STILLER, Heinz

1. 11. 1932 (Brieske-Ost)
KM 3. 6. 1971
OM 13. 6. 1974

Physik (Theoretische Geophysik, Seismologie)

STUBBE, Hans

7. 3. 1902 (Berlin)
OM 24. 2. 1949

Genetik (Mutationsforschung, experimentelle Evolutionsforschung)

TAUBENECK, Udo

12. 5. 1928 (Jena)
KM 13. 6. 1974

Mikrobiologie

TEMBROCK, Günter

7. 6. 1918 (Berlin)
KM 17. 4. 1975

Biologie (Verhaltenswissenschaften)

THIELE, Helmut

20. 6. 1926 (Saratoga/USA)
KM 3. 6. 1971

Mathematik (Mathematische Kybernetik, Rechentechnik)

THIESSEN, Peter

6. 4. 1899 (Schweidnitz)
OM 29. 6. 1939

Physikalische Chemie (Physikalisch-chemische Grundlagen der Verfahrenstechnik, Kolloidchemie, Elektrochemie)

THILO, Erich

27. 8. 1898 (Neubrandenburg)
OM 14. 7. 1949

Anorganische Chemie (Polymerenchemie)

TREDER, Hans-Jürgen

4. 9. 1928 (Berlin)
OM 9. 6. 1966

Theoretische Physik/Kosmologie (Gravitations- und Feldtheorie, Mathematische Physik)

UHLMANN, Armin

19. 2. 1930 (Chemnitz)
KM 11. 6. 1970
OM 15. 6. 1972

Theoretische und mathematische Physik (Quantenfeldtheorie, Elementarteilchenphysik)

VOJTA, Günter

23. 10. 1928 (Bautzen)
KM 11. 6. 1970
OM 17. 4. 1975

Physik (Statistische Physik und ihre Anwendungen auf Festkörperphysik, Plasmaphysik und physikalische Chemie)

Watznauer, Adolf

29. 4. 1907 (Reichenberg)
OM 26. 9. 1957

Geowissenschaften (Petrologie und Tektonik)

Weber, Horst

4. 9. 1925 (Dresden)
KM 17. 4. 1975

Technik (Fertigungstechnik)

Weiss, Carl Friedrich

24. 1. 1901 (Leipzig)
KM 15. 6. 1961
OM 23. 4. 1964

Physik (Kernphysik, Radiochemie)

Weissmantel, Christian

9. 12. 1931 (Kamenz/Sa.)
KM 14. 6. 1973
OM 10. 6. 1976

Physik (Festkörperphysik)

WELSKOPF, Liselotte

15. 9. 1901 (München)
OM 11. 6. 1964

Alte Geschichte (Griechische und römische Geschichte)

WERNER, Ernst

20. 11. 1920 (Tyssa)
KM 3. 6. 1971
OM 14. 6. 1973

Geschichte (Mediävistik)

WINKLER, Rudolf

22. 6. 1927 (Leipzig)
KM 15. 6. 1972
OM 10. 6. 1976

Physik (Festkörperphysik, Plasmaphysik, wissenschaftliche Grundlagen von Technologien des Maschinenbaues und der Elektronik)

WINTER, Eduard

16. 9. 1896 (Grottau)
OM 24. 2. 1955

Geschichte (Kultur- und Wissenschaftsgeschichte Mittel- und Osteuropas, Geschichte der Diplomatie des Vatikans)

WOLF, Friedrich

9. 2. 1920 (Leipzig)
KM 3. 6. 1971

Chemie (Technische Chemie, Adsorptionstechnik, Grenzflächenchemie)

WOLLENBERGER, Albert

21. 5. 1912 (Freiburg/Br.)
KM 15. 6. 1972

Biochemie und Zellphysiologie

WOSCHNI, Eugen-Georg

18. 2. 1929 (Berlin)
KM 14. 6. 1973

Technik (Kybernetik, Hochfrequenztechnik, Informationstechnik)

ZIEGENBALG, Siegfried

4. 8. 1925 (Zschachwitz b. Dresden)
KM 15. 6. 1972
OM 17. 4. 1975

Chemie (Physikalisch-chemische Metallurgie/NE-Metalle)

Auswärtige Mitglieder

Aebischer, Paul
(Schweiz)
8. 12. 1897 (Hauterive)
AM 13. 1. 1955
Romanische Philologie

Alexandroff, Pawel Sergejewitsch
(UdSSR)
7. 5. 1896 (Moskau)
AM 29. 6. 1950
Mathematik

Alexandrow, Anatolii Petrowitsch
(UdSSR)
13. 2. 1903 (Taratschi/Gebiet Kiew)
AM 10. 6. 1976
Kernphysik/Kerntechnik

Ambarzumjan, Viktor Amasaspowitsch (UdSSR)

18. 9. 1908 (Tbilissi)
AM 24. 10. 1957

Astrophysik/Astronomie

Asinger, Friedrich (Österreich)

26. 6. 1907 (Freiland)
AM 23. 4. 1959

Technische Chemie, Petrolchemie

Bajew, Alexander Alexandrowitsch (UdSSR)

10. 1. 1904 (Chita)
AM 21. 2. 1974

Biologie/Biochemie

Balewski, Angel Toncev (VR Bulgarien)

15. 4. 1910 (Trojan)
AM 21. 2. 1974

Werkstoffwissenschaften

Basow, Nikolai Gennadijewitsch
(UdSSR)

14. 12. 1922 (Usman)
AM 12. 10. 1967

Theoretische Physik/Laserphysik

Beyer, Wilhelm Raimund
(Österreich)

2. 5. 1902 (Nürnberg)
AM 17. 4. 1975

Philosophie und Rechtswissenschaft

Blochin, Nikolai Nikolaiiwitsch
(UdSSR)

4. 5. 1912 (Nishni Nowgorod)
AM 7. 12. 1967

Medizin/Onkologie

Blohm, Georg
(BRD)

25. 10. 1896 (Thürkow/Meckl.)
AM 28. 7. 1949

Landwirtschaftliche Betriebslehre

BOGOLJUBOW, Nikolai Nikolajewitsch
(UdSSR)

21. 8. 1909 (Nishni Nowgorod)
AM 17. 11. 1966

Theoretische Physik, Mathematik

BORKOWSKIJ, Viktor Iwanowitsch
(UdSSR)

19. 1. 1900 (Minsk)
AM 12. 10. 1967

Sprachwissenschaft

BRANDWEINER, Heinrich
(Österreich)

20. 3. 1910 (Wien)
AM 10. 2. 1955

Völkerrecht, Kirchenrecht

BREDT, Heinrich
(BRD)

29. 1. 1906 (Oberneudorf/Rumänien)
AM 24. 2. 1955

Medizin

Bünning, Erwin
(BRD)

23. 1. 1906 (Hamburg)
AM 13. 1. 1955

Botanik

Burhop, Eric Henry Stoneley
(Großbritannien)

31. 1. 1911 (Melbourne/Australien)
AM 21. 2. 1974

Physik

Butenandt, Adolf
(BRD)

24. 3. 1903 (Wesermünde-Lehe)
AM 2. 3. 1939

Biochemie

Chattopadhyaya, Debiprasad
(Indien)

19. 11. 1918 (Kalkutta)
AM 17. 4. 1975

Philosophie und Geschichte der Philosophie

CHRAPTSCHENKOW, Michail Borissowitsch
(UdSSR)

21. 11. 1904 (Chishuka/Gebiet Smolensk)
AM 17. 4. 1975

Sprach- und Literaturwissensschaft

DAUX, Georges
(Frankreich)

21. 9. 1899 (Bastia/Korsika)
AM 17. 12. 1964

Epigraphik/Archäologie

DÖDERLEIN, Gustav
(BRD)

19. 5. 1893 (Leipzig)
AM 13. 1. 1955

Medizin

DWALI, Rafael Rafaelowitsch
(UdSSR)

17. 4. 1909 (Tbilissi)
AM 25. 2. 1971

Technik

EMANUEL, Nikolai Markowitsch
(UdSSR)

1. 10. 1915 (Tim/Bezirk Kursk)
AM 17. 4. 1975

Chemische Physik

ENGELHARDT, Wladimir Alexandrowitsch
(UdSSR)

3. 12. 1894 (Moskau)
AM 29. 6. 1950

Biochemie

ERBEN, Johannes
(Österreich)

12. 1. 1925 (Leipzig)
AM 11. 6. 1964

Sprachwissenschaft

FEDOSSEJEW, Pjotr Nikolajewitsch
(UdSSR)

22. 8. 1908 (Gebiet Gorki)
AM 21. 2. 1974

Philosophie

Filip, Jan
(ČSSR)

25. 12. 1900 (Chocnějowice)
AM 28. 5. 1964

Ur- und Frühgeschichte

Fourquet, Jean Philippe
(Frankreich)

23. 6. 1899 (Dele/Frkr.)
AM 17. 12. 1964

Sprachwissenschaft

Gabain, Annemarie von
(BRD)

4. 7. 1901 (Mörchingen/Lothr.)
AM 23. 4. 1959

Sinologie und Turkologie

Ganowski, Sawa Zowol
(VR Bulgarien)

1. 3. 1897 (Kunino)
AM 22. 11. 1962

Geschichte der Philosophie

GANSHOF, François L.
(Belgien)

14. 3. 1895 (Brügge)
AM 29. 6. 1950

Geschichte

GERASIMOW, Innokenti Petrowitsch
(UdSSR)

9. 12. 1905 (Kostroma)
AM 12. 10. 1967

Geographie

GLUSCHKOW, Viktor Michailowitsch
(UdSSR)

24. 8. 1923 (Rostow/Don)
AM 17. 4. 1975

Mathematik, Kybernetik, Rechentechnik

GONZALES REYNA, Jenaro
(Mexiko)

12. 11. 1905 (Mineral de las Dos Estrellas)
AM 12. 9. 1957

Geologie

Gottschaldt, Kurt
(BRD)

25. 4. 1902 (Dresden)
AM 19. 2. 1953

Psychologie

Hachenberg, Otto
(BRD)

25. 6. 1911 (Anhausen/Neuwied)
AM 15. 6. 1961

Radioastronomie

Hagenmüller, Paul
(Frankreich)

3. 8. 1921 (Strasbourg)
AM 17. 4. 1975

Feststoffchemie

Hasse, Helmut
(BRD)

25. 8. 1898 (Kassel)
AM 14. 7. 1949

Mathematik

Havránek, Bohuslav
(ČSSR)

30. 1. 1893 (Prag)
AM 10. 2. 1955

Slawistik

Heckmann, Otto
(BRD)

23. 6. 1901 (Opladen)
AM 5. 6. 1947

Astronomie

Hensel, Witold
(VR Polen)

29. 3. 1917 (Poznań)
AM 17. 4. 1975

Alte Geschichte und Archäologie

Hölder, Ernst
(BRD)

2. 4. 1901 (Leipzig)
AM 24. 2. 1955

Mathematik

Hund, Friedrich
(BRD)

4. 2. 1896 (Karlsruhe)
AM 24. 2. 1949

Theoretische Physik

Jachmann, Günther
(BRD)

20. 5. 1887 (Gumbinnen)
AM 23. 10. 1947

Klassische Philologie

Janossy, Lajos
(Ungarische VR)

2. 3. 1912 (Budapest)
AM 10. 2. 1955

Physik

Jensen, Waldemar
(Finnland)

1. 8. 1915 (Ukraina)
AM 4. 9. 1969

Celluloseforschung

JORDAN, Jorgu
(SR Rumänien)

29. 9. 1888 (Tecuci)
AM 17. 12. 1964

Romanische Philologie

KÄHLER, Erich
(BRD)

16. 1. 1906 (Leipzig)
AM 24. 2. 1955

Mathematik

KAISCHEW, Rostislaw
(VR Bulgarien)

16. 2. 1908 (Sofia)
AM 24. 1. 1957

Physikalische Chemie

KASTLER, Alfred
(Frankreich)

3. 5. 1902 (Gebweiler/Elsaß)
AM 4. 9. 1969

Spektroskopie

Keldysch, Mstislaw Wsewolodowitsch
(UdSSR)

10. 2. 1911 (Riga)
AM 17. 11. 1966

Mathematik, Physik

Koehler, Hilding
(Schweden)

12. 9. 1888 (Tranemo)
AM 29. 6. 1950

Meteorologie

Kotelnikow, Wladimir Alexandrowitsch
(UdSSR)

6. 9. 1908 (Kasan)
AM 21. 2. 1974

Elektronik

Kožesnik, Jaroslav
(ČSSR)

8. 6. 1907 (Knéžice)
AM 21. 2. 1974

Technik

KUHN, Hans
(BRD)

13. 7. 1899 (Minden)
AM 25. 2. 1943

Philologie

KUO Mo-Jo
(VR China)

16. 11. 1892 (Shawan/Loshan)
AM 6. 9. 1956

Geschichte

KURATOWSKI, Kazimierz
(VR Polen)

2. 2. 1896 (Warschau)
AM 4. 9. 1969

Mathematik

KURDJUMOW, Georgi Wjatscheslawowitsch
(UdSSR)

14. 2. 1902 (Rilsk)
AM 4. 9. 1969

Physik

KURTI, Nicholas
(Großbritannien)

14. 5. 1908 (Budapest)
AM 17. 4. 1975

Physik

KURYŁOWICZ, Włodzimierz
(VR Polen)

26. 9. 1910 (Lwów)
AM 25. 2. 1971

Mikrobiologie

Lawrentjew, Michail Aleksejewitsch
(UdSSR)

19. 11. 1900 (Kasan)
AM 4. 9. 1969

Mathematik

Lüttringhaus, Arthur
(BRD)

6. 7. 1906 (Köln-Mülheim)
AM 7. 7. 1949

Organische Chemie

Málek, Ivan
(ČSSR)

28. 9. 1909 (Zábřeh)
AM 22. 11. 1962

Mikrobiologie

Marinello y Vidaurreta, Zoilo
(Kuba)

21. 8. 1919 (Santa Clara/Prov. Las Villas)
AM 17. 4. 1975

Biologie/Medizin

Michałowski, Kazimierz
(VR Polen)

14. 12. 1901 (Tarnopol)
AM 23. 4. 1964

Archäologie

Miettinen,/Jorma Kalervo
(Finnland)

11. 8. 1921 (Helsinki)
AM 10. 6. 1976

Organische Chemie

Mortier, Roland
(Belgien)

21. 12. 1920 (Gent)
AM 25. 2. 1971

Literaturwissenschaft

Nemeth, Julis
(Ungarische VR)

2. 11. 1890 (Karcag)
AM 10. 2. 1955

Turkologie

NESMEJANOW, Alexander Nikolajewitsch
(UdSSR)

9. 9. 1899 (Moskau)
AM 13. 1. 1955

Organische Chemie

NESSELHAUF, Herbert
(BRD)

26. 5. 1909 (Karlsruhe)
AM 28. 1. 1960

Römische Geschichte

NEUBER, Heinz
(BRD)

22. 11. 1906 (Stettin)
AM 24. 2. 1955

Technik

NEUNHOEFFER, Otto
(BRD)

17. 10. 1904 (Stuttgart)
AM 23. 4. 1959

Organische Chemie

Nevanlinna, Rolf Hermann
(Finnland)

22. 10. 1895 (Joensuu)
AM 22. 6. 1939

Mathematik

Nguyen, Khanh Toan
(SR Vietnam)

1. 8. 1905 (Hue)
AM 17. 4. 1975

Geschichte, Pädagogik

Öhmann, Emil
(Finnland)

25. 1. 1894 (Helsinki)
AM 13. 1. 1955

Philologie

Oparin, Alexander Iwanowitsch
(UdSSR)

2. 3. 1894 (Uglice)
AM 17. 11. 1966

Biochemie

Owtschinnikow, Jurii Anatolewitsch
(UdSSR)

2. 8. 1934 (Moskau)
AM 10. 6. 1976

Biochemie

Papapetrou, Achilles
(Griechenland)

2. 2. 1907 (Serres)
AM 15. 6. 1961

Theoretische Physik

Pawloff, Todor Dimitroff
(VR Bulgarien)

14. 2. 1890 (Schtip)
AM 13. 12. 1956

Philosophie

Pedersen, Johannes
(Dänemark)

7. 11. 1883 (Illebölle)
AM 2. 3. 1939

Orientforschung

PERLO, Victor
(USA)
16. 5. 1912 (New York)
AM 17. 4. 1975
Wirtschaftswissenschaft

PETROW, Boris Nikolajewitsch
(UdSSR)
11. 3. 1913 (Smolensk)
AM 25. 2. 1971
Technische Kybernetik und automatische Steuerung

PISCHINGER, Anton
(Österreich)
21. 4. 1907 (Linz)
AM 17. 11. 1966
Technik

POULIK, Jozef
(ČSSR)
6. 8. 1910 (Jirikoviče)
AM 16. 10. 1975
Alte Geschichte und Archäologie

Pretzel, Ulrich
(BRD)

14. 7. 1898 (Berlin)
AM 13. 1. 1955

Philologie

Průšek, Jaroslav
(ČSSR)

14. 9. 1906 (Prag)
AM 22. 11. 1962

Sinologie, Japanologie

Ramdohr, Paul
(BRD)

1. 1. 1890 (Überlingen)
AM 12. 11. 1936

Mineralogie und Geologie

Ramming, Martin
(WB)

21. 11. 1889 (St. Petersburg)
AM 24. 2. 1955

Japanologie

ROBERT, Louis
(Frankreich)

15. 2. 1904 (Laurière)
AM 29. 6. 1950

Griechische Epigraphik

RUMJANZEW, Alexej Matwejewitsch
(UdSSR)

16. 2. 1905 (Minzowa/Gouv. Kostroma)
AM 12. 10. 1967

Politische Ökonomie

SAMARIN, Alexander Michailowitsch
(UdSSR)

14. 8. 1902 (Ssakony)
AM 9. 4. 1959

Physikalische Chemie

SANDER, Bruno
(Österreich)

23. 2. 1884 (Innsbruck)
AM 29. 6. 1950

Mineralogie

Schalk, Fritz
(BRD)

17. 1. 1902 (Wien)
AM 10. 2. 1955

Romanische Philologie

Schaworonkow, Nikolai Michailowitsch
(UdSSR)

7. 8. 1907 (Gebiet Rjasan)
AM 21. 2. 1974

Chemie

Schay, Géza
(Ungarische VR)

26. 5. 1900 (Wien)
AM 22. 11. 1962

Physikalische Chemie

Schirmer, Walter Franz
(BRD)

18. 12. 1888 (Düsseldorf)
AM 6. 5. 1943

Anglistik

SCHMID, Erich
(Österreich)

4. 5. 1896 (Bruck)
AM 4. 9. 1969

Metallphysik

SEMJONOW, Nikolai Nikolajewitsch
(UdSSR)

15. 4. 1896 (St. Petersburg)
AM 17. 11. 1966

Physikalische Chemie

SHIRENDYB, Basarin
(Mongolische VR)

15. 5. 1912 (Shine-Ider)
AM 17. 4. 1975

Geschichte

ŠIŠKA, Karol
(ČSSR)

19. 3. 1906 (Seleneč)
AM 21. 2. 1974

Medizin

Skrjabin, Georgii Konstantinowitsch
(UdSSR)

17. 9. 1917 (St. Petersburg)
AM 10. 6. 1976

Mikrobiologie

Snell, Bruno
(BRD)

18. 6. 1896 (Hildesheim)
AM 23. 10. 1947

Klassische Philologie

Sobolew, Sergej Lwowitsch
(UdSSR)

6. 10. 1908 (St. Petersburg)
AM 12. 10. 1967

Mathematik

Soboul, Albert Marius
(Frankreich)

27. 4. 1914 (Ammi-Moussa/Oran)
AM 4. 9. 1969

Geschichte

Šorm, **František**
(ČSSR)

28. 2. 1913 (Prag)
AM 22. 5. 1958

Organische Chemie, Biochemie

Timakow, Wladimir Dimitrijewitsch
(UdSSR)

9. 7. 1905 (Pustotino/Gebiet Rjasan)
AM 17. 4. 1975

Mikrobiologie/Epidemiologie

Tolstow, Sergej Pawlowitsch
(UdSSR)

25. 1. 1907 (St. Petersburg)
AM 17. 5. 1956

Geschichte

Treibs, Wilhelm
(BRD)

6. 11. 1890 (Oberstein-Idar/Nahe)
AM 19. 2. 1953

Organische Chemie

TRZEBIATOWSKI, Włodzimierz
(VR Polen)

25. 2. 1906 (Grodzisk)
AM 21. 2. 1974

Chemie

VEKUA, Ilja Nestorowitsch
(UdSSR)

23. 4. 1907 (Repo-Scheschelety Samursakonskow Utschastaka/Gouv. Kataisk)
AM 3. 10. 1968

Mathematik

WALDSCHMIDT, Ernst
(BRD)

15. 7. 1897 (Lünen/Westf.)
AM 13. 1. 1955

Indologie

WICHTERLE, Oto
(ČSSR)

27. 10. 1913 (Prostějov)
AM 12. 10. 1967

Organische Chemie

WINOGRADOW, Ivan Matwejewitsch
(UdSSR)

14. 9. 1891 (Kalininagebiet, Rayon Welikije Luki)
AM 29. 6. 1960

Mathematik

WONSOWSKI, Sergej Wassiljewitsch
(UdSSR)

2. 9. 1910 (Taschkent)
AM 25. 2. 1971

Physik

WULLSTEIN, Horst
(BRD)

24. 6. 1906 (Halle)
AM 10. 2. 1955

Medizin

DIE TRÄGER DER HELMHOLTZ-MEDAILLE DER AKADEMIE DER WISSENSCHAFTEN DER DDR *

* Die Träger der Helmholtz-Medaille sind in der Reihenfolge der Verleihung aufgeführt.
Das Datum der Verleihung der Auszeichnung bezieht sich auf die Wahl des Trägers der Auszeichnung im Plenum der Akademie.

Du Bois-Reymond, Emil

7. 11. 1818 (Berlin)–
26. 12. 1896 (Berlin)

Mitgl. d. Akad. seit	6. 2. 1851
Helmholtz-Med.	2. 6. 1892

Physiologie

Bunsen, Robert

31. 3. 1811 (Göttingen)–
16. 8. 1899 (Heidelberg)

Mitgl. d. Akad. seit	19. 3. 1846
Helmholtz-Med.	2. 6. 1892

Physik

Lord Kelvin, William Thomson

26. 6. 1824 (Belfast)–
17. 12. 1907 (Netherhall, Largs/Schottl.)

Mitgl. d. Akad. seit	13. 7. 1871
Helmholtz-Med.	2. 6. 1892

Physik

WEIERSTRASS, Karl

31. 10. 1815 (Osterfelde)–
19. 2. 1897 (Berlin)

Mitgl. d. Akad. seit	30. 10. 1856
Helmholtz-Med.	2. 6. 1892

Mathematik

VIRCHOW, Rudolf

13. 10. 1821 (Schievelbein)–
5. 9. 1902 (Berlin)

Mitgl. d. Akad. seit	27. 11. 1873
Helmholtz-Med.	8. 12. 1898

Anatomie und Pathologie

STOCKES, Sir (1889) George Gabriel

13. 8. 1819 (Skreen/Irland)–
1. 2. 1903 (London)

Mitgl. d. Akad. seit	7. 4. 1859
Helmholtz-Med.	20. 12. 1900

Mathematik

Ramon y Cajal, Santiago

1. 5. 1852 (Petilla de Aragon)–
17. 10. 1934 (Madrid)

Helmholtz-Med.	15. 12. 1904

Histologie, Histochemie und pathologische Anatomie

Becquerel, Antoine-Henri

15. 12. 1852 (Paris)–
25. 8. 1908 (Le Croisic)

Mitgl. d. Akad. seit	18. 2. 1904
Helmholtz-Med.	17. 12. 1906

Physik

Fischer, Emil

9. 10. 1852 (Euskirchen b. Köln)–
15. 7. 1919 (Berlin)

Mitgl. d. Akad. seit	12. 1. 1893
Helmholtz-Med.	7. 1. 1909

Chemie

HOFF, Jacobus Henricus van 't

30. 8. 1852 (Rotterdam) –
3. 3. 1911 (Berlin)

Mitgl. d. Akad. seit	30. 1. 1896
Helmholtz-Med.	8. 12. 1910

Chemie

SCHWENDERER, Simon

10. 2. 1829 (Buchs/Schweiz) –
27. 5. 1919 (Berlin)

Mitgl. d. Akad. seit	19. 6. 1879
Helmholtz-Med.	19. 12. 1912

Botanik

PLANCK, Max

23. 4. 1858 (Kiel) –
3. 10. 1947 (Göttingen)

Mitgl. d. Akad. seit	10. 5. 1894
Helmholtz-Med.	7. 12. 1914

Physik

Hertwig, Richard

23. 9. 1850 (Friedberg) –
3. 10. 1937 (Schleiderlohe)

Mitgl. d. Akad. seit	28. 4. 1898
Helmholtz-Med.	14. 12. 1916

Anatomie

Röntgen, Wilhelm Conrad

27. 3. 1845 (Lennep/Rhl.) –
10. 2. 1923 (München)

Mitgl. d. Akad. seit	12. 3. 1896
Helmholtz-Med.	12. 12. 1918

Physik

Hahn, Otto

8. 3. 1879 (Frankfurt/M.) –
28. 7. 1968 (Göttingen)

Mitgl. d. Akad. seit	6. 11. 1924
Helmholtz-Med.	19. 2. 1959

Chemie

Hertz, Gustav

22. 7. 1887 (Hamburg)–
30. 10. 1975 (Berlin)

Mitgl. d. Akad. seit 25. 11. 1954
Helmholtz-Med. 25. 6. 1959

Physik

Laue, Max. v.

9. 10. 1879 (Pfaffendorf/Rhld.)–
20. 4. 1960 (Berlin-West)

Mitgl. d. Akad. seit 15. 7. 1920
Helmholtz-Med. 25. 6. 1959

Physik

Bohr, Niels

7. 10. 1885 (Kopenhagen)–
18. 11. 1962 (Kopenhagen)

Mitgl. d. Akad. seit 1. 6. 1922
Helmholtz-Med. 15. 6. 1961

Physik

DIRAC, Paul Adrien Maurice

8. 8. 1902 (Bristol)

Helmholtz-Med. 28. 5. 1964

Physik

BOGOLJUBOW, Nikolai Nikolajewitsch

21. 8. 1909 (Nishni Nowgorod)

Mitgl. d. Akad. seit 17. 11. 1966
Helmholtz-Med. 15. 5. 1969

Physik

AMBARZUMJAN, Viktor Amasaspowitsch

18. 9. 1908 (Tbilissi)

Mitgl. d. Akad. seit 24. 10. 1957
Helmholtz-Med. 20. 5. 1971

Astrophysik

FOCK, Vladimir Alexandrowitsch

22. 12. 1898 (St. Petersburg) –
27. 12. 1974 (Leningrad)

Mitgl. d. Akad. seit 12. 10. 1967
Helmholtz-Med. 20. 5. 1971

Physik

BROGLI, Prince Louis de
15. 8. 1892 (Dieppe)

Helmholtz-Med.	17. 4. 1975

Physik

STUBBE, Hans
7. 3. 1902 (Berlin)

Mitgl. d. Akad. seit	24. 2. 1949
Helmholtz-Med.	17. 4. 1975

Genetik, Mutations- und Züchtungsforschung

KOLMOGOROW, Andrei Nikolajewitsch
12. 4. 1903 (Tambow)

Helmholtz-Med.	17. 4. 1975

Mathematik

DIE TRÄGER DES FRIEDRICH-ENGELS-PREISES DER AKADEMIE DER WISSENSCHAFTEN DER DDR *

* Die Träger des Friedrich-Engels-Preises sind in der Reihenfolge der Verleihung aufgeführt. Das Datum der Verleihung der Auszeichnung bezieht sich auf die Wahl des Trägers der Auszeichnung im Plenum der Akademie.

Cornu, August

9. 8. 1888 (Beaune/Frankr.)

Korr. Mitgl. d. AdW seit	28. 5. 1964
Friedrich-Engels-Preis	29. 11. 1956

Marx-Engels-Forschung

Krauss, Werner

7. 6. 1900 (Stuttgart) –
28. 8. 1976 (Berlin)

Ord. Mitgl. d. AdW seit	14. 7. 1949
Friedrich-Engels-Preis	19. 11. 1959

Romanistik

Dr. phil. Förder, Herwig

21. 8. 1913 (Freiburg/Br.) –
23. 11. 1974 (Berlin)

Wiss. Arbeitsleiter	
Friedrich-Engels-Preis	20. 12. 1962

Geschichte

Scheel, Heinrich

11. 12. 1915 (Berlin)

Ord. Mitgl. d. AdW seit	29. 5. 1959
Friedrich-Engels-Preis	27. 1. 1966

Geschichte

Buhr, Manfred

22. 2. 1927 (Kamenz)

Ord. Mitgl. d. AdW seit	3. 6. 1971
Friedrich-Engels-Preis	15. 5. 1969

Philosophie

Kuczynski, Jürgen

17. 9. 1904 (Elberfeld)

Ord. Mitgl. d. AdW seit	24. 2. 1955
Friedrich-Engels-Preis	29. 10. 1970

Wirtschaftsgeschichte

Dr. phil. habil. MENDE, Georg

6. 9. 1910 (Breslau)

Prof. an der Sektion Philosophie und Geschichte der FSU Jena
Friedrich-Engels-Preis 29. 10. 1970

Geschichte der Philosophie

Dr. phil. habil. WEIMANN, Robert

18. 11. 1928 (Magdeburg)

Prof., Bereichsleiter im Zentralinstitut der AdW der DDR für Literaturgeschichte
Friedrich-Engels-Preis 29. 10. 1970

Literaturtheorie

Dr. phil. habil. OBERMANN, Karl

22. 9. 1905 (Köln)

Em. Prof., em. Leiter der Abteilung Deutsche Geschichte von 1789 bis 1871 des Zentralinstituts der AdW der DDR für Geschichte
Friedrich-Engels-Preis 22. 3. 1973

Geschichte

Bahner, Werner

18. 6. 1927 (Neuwiese/Erzgeb.)

Ord. Mitgl. d. AdW
seit 9. 6. 1966
Friedrich-Engels-Preis 17. 4. 1975

Romanistik

Prof. Dr. sc. oec. Maier, Harry

24. 4. 1934 (Feodosija)

Bereichsleiter im Zentralinstitut der AdW der DDR für Wirtschaftswissenschaften
Friedrich-Engels-Preis 17. 4. 1975

Ökonomie

DIE KLASSEN DER AKADEMIE DER WISSENSCHAFTEN DER DDR

Klasse „Mathematik“

Vorsitzender:

Karl SCHRÖTER
Ordentl. Mitgl. der AdW der DDR

Klasse „Physik“

Vorsitzender:

Robert ROMPE
Ordentl. Mitgl. der AdW der DDR

Klasse „Chemie“

Vorsitzender:

Gerhard KEIL
Ordentl. Mitgl. der AdW der DDR

Klasse „Biowissenschaften“

Vorsitzender:

Helmut BÖHME
Ordentl. Mitgl. der AdW der DDR

Klasse „Medizin“

Vorsitzender:

Rudolf BAUMANN
Ordentl. Mitgl. der AdW der DDR

Klasse „Werkstofforschung“

Vorsitzender:

Werner LANGE
Ordentl. Mitgl. der AdW der DDR

Klasse „Umweltschutz und Umweltgestaltung“

Vorsitzender:

Edgar LEHMANN
Ordentl. Mitgl. der AdW der DDR

Klasse „Philosophie, Ökonomie, Geschichte, Staats- und Rechtswissenschaften“ (Gesellschaftswissenschaften I)

Vorsitzender:

Helmut KOZIOLEK
Ordentl. Mitgl. der AdW der DDR

Klasse „Literatur, Sprach-, Geschichts- und Kunstwissenschaften“ (Gesellschaftswissenschaften II)

Vorsitzender:

Werner BAHNER
Ordentl. Mitgl. der AdW der DDR

DIE FORSCHUNGS-BEREICHE, ZENTRALINSTITUTE UND INSTITUTE DER AKADEMIE DER WISSENSCHAFTEN DER DDR

Forschungsbereich Physik, Kern- und Werkstoffwissenschaften

1199 Berlin-Adlershof,
Rudower Chaussee 5

Leiter:

Prof. Dr. rer. nat. habil. Klaus Fuchs
Ord. Mitgl. der AdW

Zentralinstitut für Elektronenphysik

108 Berlin,
Mohrenstr. 40–41

Direktor:

Prof. Dr. rer. nat. habil. Karl Friedrich Alexander
Ord. Mitgl. der AdW

Zentralinstitut für Optik und Spektroskopie

1199 Berlin-Adlershof,
Rudower Chaussee 5

Direktor:

Prof. Dr. sc. nat. Klaus Junge

Institut für Hochenergiephysik

1615 Zeuthen, Platanenallee 6

Direktor:

Prof. Dr. rer. nat. habil. Karl Lanius
Ordentliches Mitgl. der AdW

Zentrum für wissenschaftlichen Gerätebau

1199 Berlin-Adlershof,
Rudower Chaussee 5

Direktor:

Dr.-Ing. Norbert Langhoff

Zentralinstitut für Kernforschung

8051 Dresden,
Postfach 19

Direktor:

Prof. Dr.-Ing. Günter Flach

Zentralinstitut für Isotopen- und Strahlenforschung

705 Leipzig,
Permoserstraße 15

Direktor:

Prof. Dr. rer. nat. habil. Klaus Wetzel

Zentralinstitut für Festkörperphysik und Werkstofforschung

8027 Dresden,
Helmholtzstraße 20

Direktor:

Prof. Dr.-Ing. Otto Henkel
Korr. Mitgl. der AdW

Institut für Festkörperphysik und Elektronenmikroskopie

401 Halle,
Am Weinberg 2

Direktor:

Prof. Dr. rer. nat. habil. Heinz Bethge
Ord. Mitgl. der AdW

Institut für Physik der Werkstoffbearbeitung

1166 Berlin-Rahnsdorf,
Seestraße 82

Direktor:

Dr. rer. nat. Werner Bertoldi

Forschungsbereich Mathematik/Kybernetik

1199 Berlin-Adlershof,
Rudower Chaussee 5

Leiter:

Prof. Dr. rer. nat. habil. Manfred PESCHEL

Zentralinstitut für Kybernetik und Informationsprozesse

1199 Berlin-Adlershof,
Rudower Chaussee 5

Direktor:

Prof. Dr. rer. nat. habil. Horst VÖLZ

Zentralinstitut für Mathematik und Mechanik

108 Berlin,
Mohrenstraße 39

Direktor:

Prof. Dr. rer. nat. habil. Klaus MATTHES
Korr. Mitgl. der AdW

Zentrum für Rechentechnik
1199 Berlin-Adlershof,
Rudower Chaussee 5
Direktor:
Dr. sc. nat. Hermann **Meier**

Forschungsbereich Geo- und Kosmoswissenschaften

15 Potsdam,
Telegrafenberg

Leiter:

Prof. Dr. rer. nat. habil. Heinz STILLER
Ord. Mitgl. der AdW

Zentralinstitut für Astrophysik

1502 Potsdam-Babelsberg,
Rosa-Luxemburg-Straße 17a

Direktor:

Prof. Dr. rer. nat. habil. Dr. rer. nat. e. h.
Hans-Jürgen TREDER
Ord. Mitgl. der AdW

Zentralinstitut für solar-terrestrische Physik

1199 Berlin-Adlershof,
Rudower Chaussee 5

Direktor (amtierender):

Prof. Dr. rer. nat. habil. Jens TAUBENHEIM

Institut für Elektronik

1199 Berlin-Adlershof,
Rudower Chaussee 5

Direktor:

Dr. rer. nat. Hans-Joachim FISCHER

Zentralinstitut für Physik der Erde

15 Potsdam,
Telegrafenberg

Direktor:

Prof. Dr. rer. nat. habil. Heinz KAUTZLEBEN

Institut für Meereskunde

253 Warnemünde,
Seestraße 15

Direktor:

Prof. Dr. sc. nat. Klaus VOIGT

Institut für Geographie
und Geoökologie

701 Leipzig,
Georgi-Dimitroff-Platz 1

Direktor:

Prof. Dr. rer. oec. Heinz LÜDEMANN

Forschungsbereich Chemie

1199 Berlin-Adlershof,
Rudower Chaussee 5

Leiter:

Prof. Dr. sc. nat. Dr.-Ing. Gerhard KEIL
Ord. Mitgl. der AdW

Zentralinstitut für physikalische Chemie

1199 Berlin-Adlershof,
Rudower Chaussee 5

Direktor:

Prof. Dr. rer. nat. habil. Wolfgang SCHIRMER
Ord. Mitgl. der AdW

Zentralinstitut für anorganische Chemie

1199 Berlin-Adlershof,
Rudower Chaussee 5

Direktor:

Prof. Dr. rer. nat. habil. Herbert GRUNZE
Korr. Mitgl. der AdW

Zentralinstitut für organische Chemie

1199 Berlin-Adlershof,
Rudower Chaussee 5

Direktor:

Prof. Dr. sc. nat. Siegfried Nowak
Korr. Mitgl. der AdW

Institut für Polymerenchemie

153 Teltow-Seehof,
Kantstraße 55

Direktor:

Prof. Dr. rer. nat. habil. Burkart Philipp
Ord. Mitgl. der AdW

Institut für technische Chemie

705 Leipzig,
Permoserstraße 15

Direktor:

Direktor: Prof. Dr. sc. nat. Manfred Ringpfeil
Korr. Mitgl. der AdW

Institut für Technologie der Fasern

801 Dresden,
Hohe Straße 6

Direktor:

Prof. Dr.-Ing. habil. Wolfgang BOBETH
Ord. Mitgl. der AdW

Forschungsinstitut für Aufbereitung

92 Freiberg,
Straße des Friedens 40

Direktor:

Prof. Dr. sc. techn. Edelhard TÖPFER

Forschungsstelle für chemische Toxikologie

701 Leipzig,
Johannisallee 20

Direktor:

Prof. Dr. rer. nat. habil. Karlheinz LOHS
Ord. Mitgl. der AdW

Forschungszentrum für Molekularbiologie und Medizin

1115 Berlin-Buch,
Lindenberger Weg 70

Direktor:

Prof. Dr. sc. med. Werner Scheler
Ord. Mitgl. der AdW

Zentralinstitut für Krebsforschung

1115 Berlin-Buch,
Lindenberger Weg 70

Direktor:

Prof. Dr. rer. nat. Dr. med. habil. Stefan Tanneberger

Zentralinstitut für Herz- und Kreislauf-Regulationsforschung

1115 Berlin-Buch,
Wiltbergstraße 50

Direktor:

Prof. Dr. med. Rudolf Baumann
Ord. Mitgl. der AdW

Zentralinstitut für Molekularbiologie

1115 Berlin-Buch,
Lindenberger Weg 70

Direktor:

Prof. Dr. sc. med. Friedrich Jung
Ord. Mitgl. der AdW

Zentralinstitut für Mikrobiologie und experimentelle Therapie

69 Jena,
Beuthenbergstraße 11

Direktor:

Prof. Dr. rer. nat. habil. Udo Taubeneck
Korr. Mitgl. der AdW

Zentralinstitut für Genetik und Kulturpflanzenforschung

4325 Gatersleben,
Corrensstraße 3

Direktor:

Prof. Dr. agr. habil. Helmut Böhme
Ord. Mitgl. der AdW

Institut für Biochemie der Pflanzen

401 Halle,
Weinberg 2

Direktor:

Prof. Dr. rer. nat. habil. Klaus Schreiber
Ord. Mitgl. der AdW

Zentralinstitut für Ernährung

1505 Potsdam-Rehbrücke,
Arthur-Scheunert-Allee 114—116

Direktor:

Prof. Dr. med. habil. Helmut Haenel
Ord. Mitgl. der AdW

Institut für Wirkstofforschung

1136 Berlin,
Wilhelmstraße 4

Direktor:

Prof. Dr. med. habil. Peter OEHME

Forschungsstelle für Wirbeltierforschung (im Berliner Tierpark)

1136 Berlin,
Am Tierpark 125

Direktor:

Prof. Dr. sc. nat. Dr. med. vet. h. c. Heinrich DATHE

Forschungsbereich Gesellschaftswissenschaften

108 Berlin,
Otto-Nuschke-Straße 10—11

Leiter:

Prof. Dr. sc. oec. Werner Kalweit
Ord. Mitgl. der AdW
Vizepräsident

Zentralinstitut für Philosophie

108 Berlin,
Otto-Nuschke-Straße 10—11

Direktor:

Prof. Dr. phil. habil. Manfred Buhr
Ord. Mitgl. der AdW

Zentralinstitut für Wirtschaftswissenschaften

108 Berlin,
Leipziger Straße 3—4

Direktor:

Prof. Dr. rer. oec. habil. Wolfgang HEINRICHS
Korr. Mitgl. der AdW

Zentralinstitut für Geschichte

108 Berlin,
Clara-Zetkin-Straße 26

Direktor:

Prof. Dr. phil. habil. Horst BARTEL
Ord. Mitgl. der AdW

Institut für Wirtschaftsgeschichte

108 Berlin,
Zimmerstraße 94

Direktor:

Prof. Dr. rer. oec. habil. Wolfgang JONAS
Ord. Mitgl. der AdW

Zentralinstitut für Literaturgeschichte

108 Berlin,
Otto-Nuschke-Straße 22–23

Direktor:

Prof. Dr. phil. habil. Gerhard ZIEGENGEIST

Zentralinstitut für Sprachwissenschaft

108 Berlin,
Otto-Nuschke-Straße 22–23

Direktor:

Prof. Dr. phil. Günter FEUDEL

Zentralinstitut für alte Geschichte und Archäologie

108 Berlin,
Leipziger Straße 3–4

Direktor:

Prof. Dr. phil. habil. Joachim HERRMANN
Ord. Mitgl. der AdW

Institut für Theorie, Geschichte und Organisation der Wissenschaft

108 Berlin,
Otto-Nuschke-Straße 22—23

Direktor:

Prof. Dr. phil. Günter Kröber
Korr. Mitgl. der AdW

Institut für Theorie des Staates und des Rechts

108 Berlin,
Otto-Nuschke-Straße 10—11

Direktor:

Prof. Dr. jur. Wolfgang Weichelt

Sonstige wissenschaftliche Einrichtungen

Forschungsstelle für die Geschichte der Akademie der Wissenschaften der DDR

1199 Berlin-Adlershof,
Rudower Chaussee 5

Direktor:

Prof. Dr. Dr. h. c. mult. Leo Stern
Ord. Mitgl. der AdW

Wissenschaftliches Informationszentrum

104 Berlin,
Schiffbauerdamm 19

Direktor:

Dr. phil. Werner Richter

Zentrales Archiv der Akademie

108 Berlin,
Otto-Nuschke-Straße 22—23

Direktor:

Dr. phil. Christa Kirsten

Redaktion der Deutschen Literaturzeitung für Kritik der internationalen Wissenschaft

104 Berlin,
Schiffbauerdamm 19

Verantwortlicher Redakteur:

Dipl.-Phil. Einhard Eickhoff

Alexander-von-Humboldt-Forschungsstelle

108 Berlin,
Leipziger Straße 3–4

Leiter:

Prof. Dr. rer. nat. habil. Kurt-R. Biermann

Forschungsgruppe „Die Frau in der sozialistischen Gesellschaft"

108 Berlin,
Otto-Nuschke-Straße 22–23

Leiter:

Professor Dr. phil. Herta Kuhrig

DER AKADEMIE ZUGEORDNETE WISSENSCHAFTLICHE GESELLSCHAFTEN DER DDR

Astronautische Gesellschaft der DDR

102 Berlin,
Poststraße 4—5

Präsident:

Professor Dr. phil. nat. Johannes Hoppe

Biologische Gesellschaft der DDR

104 Berlin,
Friedrichstraße 129

Präsident:

Günther Sterba
Ord. Mitgl. der AdW der DDR

Gesellschaft für physikalische und mathematische Biologie der DDR

108 Berlin,
Am Kupfergraben 7

Vorsitzender:

Professor Dr. habil. Erhard Geissler

Chemische Gesellschaft der DDR

108 Berlin,
Clara-Zetkin-Straße 105

Vorsitzender:

Manfred Rätzsch
Korr. Mitgl. der AdW der DDR

Geographische Gesellschaft der DDR

701 Leipzig,
Georgi-Dimitroff-Platz 1

Präsident:

Professor Dr. sc. nat. Günter Jacob

Gesellschaft für Geologische Wissenschaften der DDR

104 Berlin,
Invalidenstraße 43

Vorsitzender:

Professor Dr. sc. nat. Rudolf Daber

Historiker Gesellschaft der DDR

108 Berlin,
Unter den Linden 2

Präsident:

Professor Dr. phil. habil. Joachim STREISAND

Mathematische Gesellschaft der DDR

1071 Berlin,
Willi-Bredel-Straße 46

Vorsitzender:

Professor Dr. sc. nat. Wolfgang ENGEL

Meteorologische Gesellschaft der DDR

15 Potsdam,
Luckenwalder Straße 42–44

Vorsitzender:

Professor Dr. phil. habil. Alfred MÄDE

Parasitologische Gesellschaft der DDR

104 Berlin,
Hannoversche Straße 28—29

Präsident:

Professor Dr. med. vet. habil. Theodor Hiepe

Physikalische Gesellschaft der DDR

108 Berlin,
Am Kupfergraben 7

Vorsitzender:

Robert Rompe
Ord. Mitgl. der AdW der DDR

Gesellschaft für Psychologie der DDR

108 Berlin,
Am Kupfergraben 7

Vorsitzender:

Professor Dr. sc. Adolf Kossakowski

Akademie-Verlag

108 Berlin,
Leipziger Straße 3–4

Direktor:
Prof. Dr. phil. Lothar BERTHOLD

Druckereien

VEB Druckhaus „Maxim Gorki"

74 Altenburg,
Carl-von-Ossietzky-Straße 30–31

VEB Druckerei „Thomas Müntzer"

582 Bad Langensalza,
Neustädter Straße 1–4

VEB Druckerei „Gottfried Wilhelm Leibniz"

445 Gräfenhainichen,
Johann-Gutenberg-Platz

VEB Druckhaus Köthen

437 Köthen,
Straße der Thälmann-Pioniere 11—12

VEB Kongreß- und Werbedruck

9273 Oberlungwitz,
Hofer Straße 104—106

Bereich Ökonomie und technische Versorgung der Akademie der Wissenschaften der DDR

1199 Berlin-Adlershof,
Rudower Chaussee 5

Direktor:

Erhard Seidel

ADRESSENVERZEICHNIS DER ORDENTLICHEN, KORRESPONDIERENDEN UND AUSWÄRTIGEN MITGLIEDER

Ordentliche und Korrespondierende Mitglieder

ALBRECHT, Rosemarie
69 Jena,
Prof.-Ibrahim-Straße 47

ALBRING, Werner
8020 Dresden,
Südhöhe 9—78/07

ALEXANDER, Karl Friedrich
108 Berlin,
Mohrenstraße 40/41

ALT, Robert
114 Berlin,
Eckermannstraße 35

AUTH, Joachim
110 Berlin,
Brennerstraße 92

BAHNER, Werner
1138 Berlin,
Scharnauer Straße 23

BARTEL, Horst
108 Berlin,
Clara-Zetkin-Straße 26

BAUMANN, Rudolf
1115 Berlin,
Pöllnitzweg 126

BECKER, Heinz
42 Merseburg,
Unter den Eichen 29

BEHRENS, Friedrich
1615 Zeuthen,
Seestraße 80

BERTSCH, Heinrich
117 Berlin,
Slevogtweg 17

Bethge, Heinz
403 Halle,
Ginsterweg 15

Bielfeldt, Hans Holm
1187 Berlin,
Rohrwallallee 28

Bielka, Heinz
1115 Berlin,
Lindenberger Weg 70

Bilkenroth, Georg
1233 Storkow,
Hubertushöhe

Blumenauer, Horst
301 Magdeburg,
Karl-Marx-Straße 36

Bobeth, Wolfgang
806 Dresden,
Jägerstraße 15

Böhme, Helmut
4325 Gatersleben,
Selkeweg 2

Boie, Werner
8027 Dresden,
Bamberger Straße 46

Budach, Lothar
1193 Berlin,
Herkomer Straße 12

Buhr, Manfred
108 Berlin,
Otto-Nuschke-Straße 10/11

Bunke, Olaf
1136 Berlin,
Mellenseestraße 16

Cornu, August
1055 Berlin,
Prenzlauer Allee 136

CORRENS, Erich
118 Berlin,
Birkheidering 15

DAVID, Heinz
117 Berlin,
Köpenzeile 15

DIEHL, Ernst
1054 Berlin,
Wilhelm-Pieck-Straße 1

DIETZE, Walter
53 Weimar,
Hermann-Löns-Str. 10

DREFAHL, Günther
69 Jena,
Erfurter Straße 66

DRISCHEL, Hans
7027 Leipzig,
Güldengossaer Straße 33

Dutz, Harald
104 Berlin,
Schumannstraße 20/21

Eichhorn, Wolfgang
108 Berlin,
Otto-Nuschke-Straße 10/11

Emons, Hans Heinz
92 Freiberg,
Leipziger Straße

Engelberg, Ernst
1193 Berlin,
Rethelstraße 10

Feist, Peter
102 Berlin,
Karl-Marx-Allee 4

Fratzscher, Wolfgang
40 Halle,
Fliederweg 60

Friedrich, Gerd
116 Berlin,
Griechische Allee 26

Frühauf, Hans
8027 Dresden,
Zeunerstraße 91 — 48/99

Fuchs, Klaus
8051 Dresden,
Postfach 19

Gersch, Manfred
69 Jena,
Beethovenstraße 8

Goerttler, Viktor
69 Jena,
Dornburger Straße 29

Görlich, Paul
69 Jena,
Schillbachstraße 24

GRAFFI, Arnold
1115 Berlin,
Frundsberger Straße 38

GROSSE, Rudolf
703 Leipzig,
Aschenbrödelweg 36

GROTE, Claus
108 Berlin,
Otto-Nuschke-Straße 22—23

GRUNZE, Herbert
1199 Berlin,
Rudower Chaussee 5

HAENEL, Helmut
1505 Potsdam-Bergholz,
Anna-Seghers-Straße 8

HAHN, Erich
108 Berlin,
Johannes-Dieckmann-Straße 19—23

HÄRTIG, Helmut
92 Freiberg,
Johann-Sebastian-Bach-Straße 14

HARTKE, Werner
117 Berlin,
Ostendorfstraße 26

HEINRICHS, Wolfgang
102 Berlin,
Mollstraße 16

HENKEL, Otto
8027 Dresden,
Helmholtzstraße 20

HERFORTH, Lieselott
8027 Dresden,
Zellescher Weg 19

HERRMANN, Joachim
113 Berlin,
Harnackstraße 20

Hintze, Fritz
1136 Berlin,
Mellenseestraße 45

Hofmann, Ulrich
108 Berlin,
Otto-Nuschke-Straße 22—23

Höfer, Karl-Heinz
703 Leipzig,
Friederikenstraße 60

Hörz, Herbert
102 Berlin,
Karl-Liebknecht-Straße 11

Irmscher, Johannes
111 Berlin,
Nordendstraße 49

Jante, Alfred
8020 Dresden,
Paradiesstraße 29

JONAS, Ernst-Wolfgang
102 Berlin,
Fischerinsel 10 — 15/07

JUNG, Friedrich
1115 Berlin,
Lindenberger Weg 70

KALWEIT, Werner
108 Berlin,
Otto-Nuschke-Straße 10/11

KAUTZSCH, Eberhard
1178 Berlin,
Bendigstraße 8

KEIL, Gerhard
1199 Berlin,
Rudower Chaussee 5

KELBG, Günter
25 Rostock,
Klement-Gottwald-Straße 15

KIRCHBERG, Helmut
92 Freiberg,
Lößnitzer Straße 31

KIRSCHE, Walter
104 Berlin,
Philippstraße 12

KLARE, Hermann
1532 Kleinmachnow,
Philipp-Müller-Allee 112

KLIX, Friedhart
1162 Berlin,
Drachholzstr. 8

KNEPLER, Georg
118 Berlin,
Straße 901 Nr. 8

KNÖLL, Hans
69 Jena,
Beuthenbergstraße 13

KOCH, Helmut
1157 Berlin,
Karl-Egon-Straße 12

KÖHLER, Karl
1422 Hennigsdorf,
Waldstraße 1

KÖHLER, Werner
69 Jena,
Adolf-Reichwein-Straße 5

KÖNIG, Otto
409 Halle-Neustadt,
Block 497, Haus 5

KOHLMEY, Gunther
111 Berlin,
Kleine Homeyerstraße 2a

KOLDITZ, Lothar
104 Berlin,
Hessische Straße 1/2

Kosing, Alfred
1136 Berlin,
Mellenseestraße 50

Kossok, Manfred
7027 Leipzig,
Kommandant-Prendel-Allee 102

Koziolek, Helmut
1157 Berlin,
Lehndorffstraße 34

Kraatz, Helmut
111 Berlin,
Homeyerstraße 21

Kröber, Günter
102 Berlin,
Fischerinsel 1

Kuczynski, Jürgen
112 Berlin,
Parkstraße 94

KUNTZEN, Heinrich
69 Jena,
Otto-Devrient-Straße 16a

KUTZSCHE, Werner
8051 Dresden-Weißer Hirsch,
Collenbuschstraße 5

KYANK, Helmut
25 Rostock,
Doberaner Straße 142

LANGE, Franz-Heinrich
25 Rostock,
Ernst-Heydemann-Straße 3

LANGE, Werner
8020 Dresden,
Patrice-Lumumba-Straße 4

LANIUS, Karl
1615 Zeuthen,
Platanenallee 6

LAUTER, Ernst-August
2565 Kühlungsborn,
Straße des Friedens 11b

LAUTERBACH, Robert
703 Leipzig,
Dohnaweg 3

LEHMANN, Edgar
703 Leipzig,
Prinz-Eugen-Straße 44

LEHNERT, Martin
117 Berlin,
Gutenbergstraße 6

LEIBNITZ, Eberhard
1603 Eichwalde,
Grünauer Straße 26

LEKSCHAS, John
108 Berlin,
Unter den Linden 6

Lichtenheldt, Willibald
8027 Dresden,
Lukasplatz 9

Lösche, Artur
7027 Leipzig,
Egon-Erwin-Kisch-Weg 35

Lohmann, Karl
1115 Berlin,
Lindenberger Weg 78

Lohs, Karlheinz
701 Leipzig,
Balzacstraße 1

Markov, Walter
7124 Holzhausen,
Weißdornweg 4

Markwardt, Fritz
50 Erfurt,
Stadtfreiheit 6

Matthes, Klaus
108 Berlin,
Mohrenstraße 39

Matthies, Hansjürgen
301 Magdeburg,
Leipziger Straße 44

Mebel, Moritz
1017 Berlin,
Leninallee 171

Meissner, Herbert
113 Berlin,
Atzpodienstraße 2

Merkel, Gerhard
8019 Dresden,
Käthe-Kollwitz-Ufer 31

Meyer, Kurt
444 Wolfen,
Thälmannstraße 38a

MITTENZWEI, Werner
1136 Berlin,
Balatonstraße 47

MONTAG, Gerhard
1272 Neuenhagen,
Scheffelstraße 8

MOSCH, Wolfgang
8027 Dresden,
Salvador-Allende-Platz 5

MOTHES, Kurt
40 Halle,
Hoher Weg 23

MOTTEK, Hans
1034 Berlin,
Frankfurter Tor 5

MÜHLENPFORDT, Justus
102 Berlin,
Spandauer Straße 4 — 10/02

Müller, Arno
92 Freiberg,
Johann-Sebastian-Bach-Straße 4

Müller, Hans
69 Jena,
Prof.-Ibrahim-Straße 16

Müller, Karlheinz
69 Jena,
Carl-Zeiss-Straße 1

Müller-Stoll, Wolfgang
15 Potsdam,
Am Drachenberg 1

Naumann, Manfred
110 Berlin,
Binzstraße 2

Neubert, Albrecht
7022 Leipzig,
Poetenweg 5

NEUNER, Gerhart
110 Berlin,
Kavalierstraße 13

NOWAK, Siegfried
108 Berlin,
Leipziger Straße 47

OBENAUS, Fritz
8020 Dresden,
Donndorfstraße 37

OCKLITZ, Hans-Wolfgang
1115 Berlin,
Wiltbergstraße 15, Haus 127

OELSSNER, Fred
1017 Berlin,
Straße der Pariser Kommune 21 — 09/2

ÖHLMANN, Gerhard
1199 Berlin,
Rudower Chaussee 5

Pasternak, Günter
1115 Berlin,
Georg-Benjamin-straße 55

Peek, Werner
401 Halle,
Am Krähenberg 21

Pfeifer, Harry
7027 Leipzig,
Leninstraße 163

Philipp, Burkart
153 Teltow-Seehof,
Hauffstr. 23

Pietsch, Albrecht
69 Jena,
Hausbergstr. 20

Pommer, Kurt
8046 Dresden,
Kleinzschachwitzer Ufer 58

POPPE, Eberhard
70 Leipzig,
Davidstr. 1

PROKOP, Otto
102 Berlin,
Liebknechtstr. 9 — 09/02

RAMBUSCH, Karl
102 Berlin,
Ifflandstr. 4

RAMMLER, Erich
92 Freiberg,
Richard-Wagner-Str. 12

RÄTZSCH, Manfred
409 Halle-Neustadt,
Block 508/1

RÄTZSCH, Margit
42 Merseburg,
Geusaer Straße

RAPOPORT, Samuel Mitja
111 Berlin,
Kuckhoffstraße 45

RATHMANN, Lothar
7124 Holzhausen (Sa.),
Rehwagenstraße 10

REDETZKY, Hermann
1603 Eichwalde,
Beethovenstraße 38

REICHARDT, Hans
1017 Berlin,
Straße der Pariser Kommune 21 — 03/06

REINHOLD, Otto
108 Berlin,
Johannes-Dieckmann-Straße 19—23

REINISCH, Gerhard
153 Teltow,
Arndtstraße 9

Richter, Joachim
111 Berlin,
Nordendstraße 74

Rieche, Alfred
1178 Berlin,
Falkendamm 15

Riedel, Hans-Günter
7113 Markkleeberg,
Raschwitzer Straße 6

Rieger, Rigomar
4325 Gatersleben,
Selkeweg 3

Rienäcker, Günther
111 Berlin,
Tschaikowskistraße 40—42

Ringpfeil, Manfred
7124 Holzhausen,
Parkstraße 14

Röhrer, Heinz
183 Rathenow,
Horstenweg 1

Rompe, Robert
108 Berlin,
Mohrenstraße 40/41

Rosenkranz, Otto
7152 Böhlitz-Ehrenberg,
Forstweg 1

Rosenthal, Sinaida
1115 Berlin,
Lindenberger Weg 70

Ruben, Walter
118 Berlin,
Rabindranath-Tagore-Straße 23

Růžička, Rudolf
701 Leipzig,
Gottschedstraße 12

SANKE, Heinz
1197 Berlin,
Weststraße 3—20/20

SCHEEL, Heinrich
108 Berlin,
Otto-Nuschke-Straße 22—23

SCHELER, Werner
1115 Berlin,
Lindenberger Weg 70

SCHIRMER, Wolfgang
1199 Berlin,
Rudower Chaussee 5

SCHMELOVSKY, Karl-Heinz
102 Berlin,
Köpenicker Straße 108

SCHMIDT, Karl
102 Berlin,
Lichtenberger Straße 5

Schmitz, Ernst
1199 Berlin,
Volkswohlstraße 115

Schmitz, Gerhard
253 Warnemünde,
Parkstraße 39

Schober, Rita
111 Berlin,
Straße 200 Nr. 13

Schreiber, Klaus
402 Halle,
Spechtweg 17

Schröder, Kurt
1187 Berlin,
Rehfeldstraße 6

Schröter, Karl
1167 Berlin,
Kanalstraße 18

SCHUBERT, Max
69 Jena,
Max-Wien-Platz 1

SCHWABE, Kurt
108 Berlin,
Otto-Nuschke-Straße 22—23

SEIDEL, Karl
1136 Berlin,
Mellenseestraße 16/IV

STEENBECK, Max
102 Berlin,
Köpenicker Straße 80/82

STEINBRÜCK, Paul
1115 Berlin,
Pölnitzweg 1

STERBA, Günther
7113 Markkleeberg-Mitte,
Südstraße 16

STERN, Leo
402 Halle,
Kiefernweg 8

STILLER, Heinz
15 Potsdam,
Telegrafenberg

STUBBE, Hans
4325 Gatersleben,
Schmiedestraße 1

TAUBENECK, Udo
69 Jena,
Adolf-Reichwein-Straße 24

TEMBROCK, Günter
110 Berlin,
Johannes-R.-Becher-Straße 2a

THIELE, Helmut
111 Berlin,
Eichenstraße 47

THIESSEN, Peter
1199 Berlin,
Rudower Chaussee 5

THILO, Erich
117 Berlin,
Müggelbergallee 11

TREDER, Hans-Jürgen
1502 Potsdam-Babelsberg,
Rosa-Luxemburg-Straße 17a

UHLMANN, Armin
701 Leipzig,
Linnéstraße 5

VOJTA, Günter
8020 Dresden,
Thormeyerstraße 2

WATZNAUER, Adolf
9030 Karl-Marx-Stadt,
Dieselstraße 8

WEBER, Horst
801 Dresden,
Ernst-Thälmann-Straße 7

WEISS, Carl Friedrich
7027 Leipzig,
Holzhäuser Straße 12

WEISMANTEL, Christian
9033 Karl-Marx-Stadt,
Waldstraße 5

WELSKOPF, Liselotte
1193 Berlin,
Puschkinallee 35

WERNER, Ernst
7022 Leipzig,
Braunschweiger Straße 19

WINKLER, Rudolf
1199 Berlin,
Rudower Chaussee 5

WINTER, Eduard
111 Berlin,
Erich-Weinert-Siedlung, Straße 201 Nr. 8

WOLF, Friedrich
402 Halle,
Schloßberg 2

WOLLENBERGER, Albert
1115 Berlin,
Pöllnitzweg 114–116

WOSCHNI, Eugen-Georg
8051 Dresden,
Sonnenleite 4

ZIEGENBALG, Siegfried
92 Freiberg,
Straße des Friedens 22

Auswärtige Mitglieder

Aebischer, Paul
Romont (Fribourg),
Route d'Arruffens

Alexandroff, Pawel Sergejewitsch
Moskau W 234,
Lomonossow-Universität

Alexandrow, Anatolii Petrowitsch
Moskau W 71,
Leninski Prospekt 14

Ambarzumjan, Viktor Amasaspowitsch
Erewan,
Barekamutjan 24

Asinger, Friedrich
D 51 Aachen,
Alte Maastrichter Str. 2

Bajew, Alexander Alexandrowitsch
Moskau 117312,
Wawilow-Straße 32

Balewski, Angel Toncev
Sofia,
ul. Can-Asparuch 31

Basow, Nikolai Gennadijewitsch
Moskau,
Leninski Prospekt 53

Beyer, Wilhelm Raimund
A-5020 Salzburg,
Richard-Strele-Straße 16

Blochin, Nikolai Nikolaiiwitsch
Moskau M 478,
Kaschirskoje Chaussee 6

Blohm, Georg
D 2300 Kiel,
Kirchenstraße 3

Bogoljubow, Nikolai Nikolajewitsch
Moskau W 71,
Leninski Prospekt 14

Borkowskij, Viktor Iwanowitsch
Moskau W 71
Leninski Prospekt 14

Brandweiner, Heinrich
A-1130 Wien XIII,
Neue Weltgasse 18

Bredt, Heinrich
D 6500 Mainz-Gosenheim,
Friedrichstraße 36

Bünning, Erwin
D 7400 Tübingen 1,
An der Morgenstelle 1

Burhop, Eric Henry Stoneley
London WIP IFI, U.K.
40 Goodge Street,

Butenandt, Adolf
D 8000 München 60,
Marsopstraße 5

Chattopadhyaya, Debiprasad
Calcutta, Indien
3 Sambhunath Pundit Street,

Chraptschenko, Michail Borissowitsch
Moskau W 71,
Leninski Prospekt 14

Daux, Georges
75014 Paris
6 avenue Paul-Appell,

Döderlein, Gustav
D 8000 München 19,
Schlagintweitstraße 18

Dwali, Rafael Rafaelowitsch
380004 Tbilissi,
Dsershinsky-Str. 8

Emanuel, Nikolai Markowitsch
Moskau W 71,
Leninski Prospekt 14

Engelhardt, Wladimir Alexandrowitsch
B-312 Moskau,
Wawilow-Straße 32

Erben, Johannes
Innsbruck,
Innrain 52

Fedossejew, Pjotr Nikolajewitsch
Moskau W 71,
Leninski Prospekt 14

Filip, Jan
Praha 1,
Malástrana, Leteuská 4

Fourquet, Jean Philippe
Paris VIII,
Au Grand Palais

Gabain, Annemarie von
D 8233 Anger,
Haus Sonnleiten

GANOWSKI, Sawa Zowol
Sofia,
6 Bd. Rouski

GANSHOF, François, L.
Brüssel 5,
Jacob Jordaennstraat 12

GERASIMOW, Innokenti Petrowitsch
Moskau W 71,
Leninski Prospekt 14

GLUSCHKOW, Viktor Michailowitsch
Kiew 28,
Pr. nauki Nr. 109

GONZALES REYNA, Jenaro
Colonia de Valle
Méxiko City 12, D.F.

GOTTSCHALDT, Kurt
D 3400 Göttingen,
Klopstockstraße 1a

Hachenberg, Otto
D 5300 Bonn,
Auf dem Hügel 71

Hagenmüller, Paul
33405 Talence (France)
351, cours de la Libération,

Hasse, Helmut
D 207 Ahrensburg,
Hagener Allee 35

Havránek, Bohuslav
Prag 6,
Na Valech 8

Heckmann, Otto
D 3400 Göttingen-Geismar
Wohnstift Göttingen
Charlottenburger Str. 19, App. B

Hensel, Witold
Warschau,
Marszalkowska 84 K 92

Hölder, Ernst
D 6500 Mainz-Gonsenheim,
Friedrichstraße 36

Hund, Friedrich
D 3400 Göttingen,
Tuckermannweg 5

Jachmann, Günther
D 5 Köln-Marienburg,
Wolfgang-Müller-Straße 24

Janossy, Lajos
Budapest XII,
Konkoly Thege út

Jensen, Waldemar
Helsinki 10,
Postfach 10136

Jordan, Jorgu
Bukarest,
Str. Sofia Nr. 21

Kähler, Erich
D 2 Wedel(Holst.),
Mozartstraße 42

Kaischew, Rostislaw
Sofia,
7.-November-Straße 1

Kastler, Alfred
Paris 5, 24,
Rue Lhomond

Keldysch, Mstislaw Wsewolodowitsch
117901 Moskau,
Leninski Prospekt 14

Koehler, Hilding
Upsala,
Johannesbäcksgatan 6

Kotelnikow, Wladimir Alexandrowitsch
Moskau W 71,
Leninski Prospekt 14

Kožesnik, Jaroslav
Praha 1,
Národni Tr. 3

Kuhn, Hans
D 2304 Laboe,
Lammertzweg

Kuo, Mo-Jo
Peking,
3 Wen Ching Chieh

Kuratowski, Kazimierz
Warschau 1,
ul. Sniadeckich 8

Kurdjumow, Georgi Wjatscheslawowitsch
123242 Moskau,
Pl. Vosstania 1, apt. 196

Kurti, Nicholas
Oxford OX 1 3 PJ
Departement of Engineering Science
Parks Road

KURYŁOWICZ, Włodzimierz
00-791 Warschau,
ulica Chocimska 24

LAWRENTJEW, Michail Aleksejewitsch
Nowosibirsk 90,
Prospekt der Wissenschaften 21

LÜTTRINGHAUS, Arthur
D 78 Freiburg i. Br.,
Albertstraße 21

MÁLEK, Ivan
Praha 1,
Národni Tr. 3

MARINELLO Y VIDAURRETA, Zoilo
Havanna,
Capitolio

MICHAŁOWSKI, Kazimierz
Warschau,
Krakowskie Przedmieście 26/28

MIETTINEN, Jorma Kalervo
00170 Helsinki 17
Unioninkatu 35

MORTIER, Roland
Brüssel 10
10, avenue de Longueville,

NEMETH, Julis
Budapest XI,
Karinthy út 24, III 1

NESMEJANOW, Alexander Nikolajewitsch
Moskau W 234,
Universität Korpus „K", Nr. 105

NESSELHAUF, Herbert
D 775 Konstanz,
Zur Friedrichshöhe 206

NEUBER, Heinz
D 8130 Starnberg b. München,
Max-Emanuel-Straße 10

NEUNHOEFFER, Otto
D 665 Homburg/Saar,
Max-Planck-Straße 4

NEVANLINNA, Rolf Hermann
Helsinki,
Hallituskatu 11/13

NGUYEN, Khanh Toan
Hanoi,
39 Tran hung Dao

ÖHMANN, Emil
Helsinki,
Snellmaninkatu 9/11

OPARIN, Alexander Iwanowitsch
Moskau W 71,
Leninski Prospekt 33

OWTSCHINNIKOW, Jurii Anatolewitsch
Moskau W 71,
Leninski Prospekt 14

Papapetrou, Achilles
Paris V,
11 Rue Pierret Marie Curie

Pawloff, Todor Dimitroff
Sofia,
7.-November-Straße 1

Pedersen, Johannes
Kopenhagen/Valby,
Bjerregaardsvej 13

Perlo, Victor
New York 10520
30 Park Trail, Croton-on-Hudson

Petrow, Boris Nikolajewitsch
Moskau W 71,
Leninski Prospekt 14

Pischinger, Anton
A-8010 Graz,
Kopernikusgasse 24

POULIK, Jozef
Brno 3,
Sady osvobozeni 17/18

PRETZEL, Ulrich
D 2 Hamburg 60,
Sierichstraße 56

PRŮŠEK, Jaroslav
Praha 1,
Lázenska 4

RAMDOHR, Paul
D 694 Weinheim-Hohensachsen,
Kaiserstraße 39

RAMMING, Martin
Berlin (West) 45,
Carstennstraße 25d

ROBERT, Louis
Paris,
31 Avenue René Coty, XIV

RUMJANZEW, Alexej Matwejewitsch
Moskau W 71,
Leninski Prospekt 14

SAMARIN, Alexander Michailowitsch
Moskau,
Baikov-Institut der AdW der UdSSR

SANDER, Bruno
A 6020 Innsbruck,
Universitätsstraße 4

SCHALK, Fritz
D 5000 Köln 41,
Raschdorffstraße 23

SCHAWORONKOW, Nikolai Michailowitsch
Moskau W 71,
Leninski Prospekt 31

SCHAY, Géza
Budapest II,
Pusztaszeri út 57/69

SCHIRMER, Walter Franz
D 53 Bonn,
Joachimstraße 16

SCHMID, Erich
A 1010 Wien,
Dr.-Ignaz-Seipel-Platz 2

SEMJONOW, Nikolai Nikolajewitsch
Moskau W 71,
Leninski Prospekt 14

SHIRENDYB, Basarin
Ulan-Bator
Lenini gudamsch

ŠIŠKA, Karol
Bratislava,
ul. Obrancov Mieru 41

SKRJABIN, Georgii Konstantinowitsch
Moskau W 71,
Leninski Prospekt 14

SNELL, Bruno
D 2 Hamburg 20,
Heilwigstraße 3

SOBOLEW, Sergej Lwowitsch
Nowosibirsk, 90

SOBOUL, Albert Marius
Paris,
17 Rue de la Sorbonne

ŠORM, František
Praha 1,
Narodní Tr. 3

TIMAKOW, Wladimir Dimitrijewitsch
Moskau,
Soljanka 14

TOLSTOW, Sergej Pawlowitsch
Moskau W 36,
D.-Uljanow-Straße 19

TREIBS, Wilhelm
D 69 Heidelberg,
Kartellweg 28

TRZEBIATOWSKI, Włodzimierz
Warschau,
Palast der Kultur und Wissenschaften

VEKUA, Ilja Nestorowitsch
Tbilissi,
Universität

WALDSCHMIDT, Ernst
D 3400 Göttingen,
Hainbundstraße 21

WICHTERLE, Oto
Praha 6,
Petring

WINOGRADOW, Ivan Matwejewitsch
Moskau W 71,
Leninski Prospekt 14

Wonsowski, Sergej Wassiljewitsch
Uraler Zentrum der Wissenschaften der AdW der UdSSR
Swerdlowsk, GSP-170
Sofia-Kowalewska-Str. 10

Wullstein, Horst
D 87 Würzburg,
Josef-Schneider-Straße 2

Personenregister

Bei Fragen zur Produktsicherheit wenden Sie sich bitte an:
If you have any questions regarding product safety,
please contact:

Walter de Gruyter GmbH
Genthiner Straße 13
10785 Berlin
productsafety@degruyterbrill.com